森林报·秋

[苏联]比安基◎著　金帆◎编译

海峡出版发行集团 THE STRAITS PUBLISHING & DISTRIBUTING GROUP | 福建教育出版社

图书在版编目（CIP）数据

森林报．秋/（苏）比安基著；金帆编译．—福州：福建教育出版社，2018.7（2020.11重印）
（何捷主编）
ISBN 978-7-5334-8112-4

Ⅰ．①森…　Ⅱ．①比…　②金…　Ⅲ．①森林—青少年读物　Ⅳ．①S7-49

中国版本图书馆CIP数据核字（2018）第075148号

主编　何捷

Senlin Bao Qiu

森林报·秋

［苏联］比安基　著　　金帆　编译

出版发行　福建教育出版社
（福州市梦山路27号　邮编：350025　网址：www.fep.com.cn
编辑部电话：0591-83726003
发行部电话：0591-83721876　87115073　010-62027445）
出 版 人　江金辉
印　　刷　北京一鑫印务有限责任公司
（北京市顺义区北务镇政府西200米 邮编：101300）
开　　本　960毫米×1280毫米　1/32
印　　张　6
字　　数　118千字
版　　次　2018年7月第1版　2020年11月第3次印刷
书　　号　ISBN 978-7-5334-8112-4
定　　价　24.00元

总 序 | FOREWORD

人生那么短，有时间就读经典

每个人成年后，都有一个难以回避的遗憾——童年的时光那样珍贵，而我们却常常无端浪费。

在我看来，童年，就是阅读的大好时光。有一句心里话，与大家分享：“儿时正是读书时。”你不得不承认，小时候拥有最自由的阅读时间。虽然说那些让人讨厌的作业整天形影不离缠着你，虽然说学习看起来还真的不是那样简单，但和未来要承担繁重工作的你相比，儿时的你，的确有大把大把的时间可以自由支配。儿时，还是最有精力的时候，只有等到你长大，或者像我一样到了中年，你才会知道什么叫做“牵绊”，什么叫做“分散”，什么叫做“心有余而力不足”。而等你感受到的时候，就是遗憾降临的时候。至今清楚地记得，相对于如今的我而言，小的时候我也曾精力充沛，而不能原谅的是，却看着时间大把大把地从我的生命中流逝。

最重要的是，儿时是最能琢磨出读书趣味的时候。因为小，所以你的无知也显得可爱，所以什么都值得你读一读。儿时的好学就是特质，似乎什么都值得你了解，什么对于你来说都是新鲜的。世界上的一切都在召唤你去探索，去改变。无疑，阅读是最佳的方式。阅读，最经济，最简单，最直接，最有效；不知道的，感兴趣的，都可以通过阅读来获取。

这样看来，读书是不二的选择，这点毋庸置疑了。只是要知道：小的时候读了多少？读了什么？怎么读？这些几乎决定了你未来怎么成长，长得好不好，长成什么样。接下来我们就说说“为什么要读经典”。

很多人对我的童年读书经历很感兴趣。他们从我的课堂上，从我出版的教学专著中，做了很多猜测：课上成这样，书出版得这么多，小的时候，他一定读过不少书吧。不然，怎么这样能写，如此能说？大家猜对了，我小的时候，书的确读得多。不过我读的更多的是大家瞧不上的“小人书”，一共好几个抽屉呢。请不要笑话哦，在我童年的那个年代，能够读几个抽屉小人书，一定是“家境优越”“家风正派”的。我的爸爸是党报的编辑，他非常重视我和姐姐的阅读，因此，他花了很多钱，为我们购买了这些小人书。这在当时，算得上是一种奢侈品。所以，我的童年过得是有滋有味的。记不清具体是哪一年，依稀是四年级吧，有一天妈妈下班回来，带给我几页金庸先生写的《射雕英雄传》的残页。所谓“残页”，就是工厂印刷失败后留下的废纸啦。妈妈在新华印刷厂工作，她为我捡回这些残页，并没有太多想法，只是丢给我，让我随便看看。没想到这一看，我就像着了魔似的，开始如饥似渴地读起金庸的武侠小说来，一本接着一本，根本停不下来，真正是到了可以不吃饭、不睡觉也要看的地步。读了如此有意思的书后，那些小人书就排不上队了。瞧，好的作品有曲折动人的情节，有活生生的有血有肉的人物，有精致诱人的细节，有让人沉醉其间的魅力。后来，小学时的每一个中午，我都是捧着厚厚的金庸小说睡着的。再后来，我还把自己的网名起为“语文老顽童”，你一定明白，这是深深地受到了经典武侠小说的影响。

阅读经典，就像用针在你的灵魂里纹绣美图。

中学时，书读得少了。到了师范学校，我全心全意地修炼教师基本功，读得也不够。做了老师，阅读的缺损就来惩罚我了。课设计得很单薄，言论没有内涵，很浅薄，一切都显得轻飘飘的。这个时候，依然是妈妈告诉我：别慌，可以用读书去改变。于是，在妈妈的鼓励下，我又一次开始阅读。真的有惊喜啊，小时候所有的阅读体验都在重新阅读时顺利复活了。阅读，其实就是一种记忆的唤醒，就是一种微火的吹燃。儿童时代所有的阅读，都构成了我们的阅读历史，构成了我们的生命，都成为我们不断成长的动力。儿时阅读，是至关重要的。

我还欣喜地发现：当老师爱上阅读，学生自然爱上阅读。

教师引导儿童阅读，绝非难事，但不要过于强调，大张旗鼓。一个老师爱读书，所带的班级学生自然也爱读书。所以，起初我主张自由阅读，并不做具体的推荐。孩子读得很随意，他们喜欢那些像“饮料”一样，乍一看很刺激的书。虽然读了，但读得不对，进步自然很慢，甚至言行还出现偏差。读什么书，对人的影响是巨大的。后来，我让他们更多关注经典这一类犹如“粮食”一样的书，情况一下得到了好转。什么是像“粮食”一样的经典呢？首先，这些书并不哗众取宠地讨好你，相反，也许你初读时并不感觉“好在哪里”，甚至还有些“读不懂”，或者是读了，有感觉了，但一切都是恬淡的、舒适的、自然的，只是的确有一种说不清楚的诱惑力，让你舍不得放下。之后，你再读，可能就会品出其中的滋味了。这种感觉让人难忘，简直说是无法磨灭。再后来，你也许会不断主动重复阅读，因为你的身体、心灵都在要求你再读一读，你已经和这些经典的书融合在一起了。经典，已经化为你的血液了。这如同粮食对人的给养，让你慢慢成长。在此之后的一生中，无论遇到什么样的情况，经逢各种各样的事，你的脑海中都会冒出一个形象，一个桥段，一个细节，它们都存活在经典中，都在冥冥中给你力量，给你帮助。这就是经典带来的力量。于是，你做出了一个很有意思的决定——把这本书推荐给身边最亲爱的人。

明白了吧，这就是我今天为什么向你推荐这套经典读物的原因了。我也是被经典打动、滋养的。我怎么能独享？当然要和你一起欣赏。

这套近百部的经典，已经不需要再次罗列书名了。对你来说，它们简直就像老朋友，真有一种“低头不见抬头见”的亲切感。但我相信，这一次你阅读它们，阅读这一套丛书，会有很多新的收获。我接下来和大家说说“如何读才好”。

经典，已经摆在我们面前，该怎么去读呢？答案很简单，三个字——慢慢读。

经典是最值得你花时间去品味，去琢磨，甚至多读几遍的。我敢保证，每一次阅读你都会有不同的发现。我希望，你可以不断进步，让阅读的层次不断提升，越读越会读。比如说，有的人读经典，只喜欢其中叙述的故事。的确，故事很精彩，但光是停留在故事，停留在内容，就等于你开采到了一块宝石，但是你却抚摸包裹在外的石衣，还没有看到真正璀璨的光芒。只读故事，损失了经典十分之九的色彩。有的孩子已经知道读经典是需要手到、眼到、口到、心到的，可以做些笔记、摘抄，做一些批注，还可以写一些随想、感受，等等。长期这样阅读经典，等于同时养成一个习惯，让自己的读写能力完成日积月累的增长。一段时间以后，你的语言也发生了变化，你的文章越发的漂亮，你看问题的角度也变得与众不同，这就叫“腹有诗书气自华”。记住，好习惯是需要日积月累的，坚持就是你永远应该保持的姿态。

必须说明，还有一种小孩非常特别。他们读书时善于思考。每次接触经典，他们都会去思考：到底这样的经典是怎么写成的呢？为什么这些故事会流传到今天呢？为什么至今还有那么多人喜欢呢？

带着探索的心，一边想，一边读，你将层层剥笋，如获至宝。每读一次都将增长读与写的功力，变得能读善写。比如说读了《水浒传》，你会发现每个好汉都有他的绰号，而绰号和好汉的特点是相关的，你开始琢磨作者是怎么去构思并写出这么多各具特色的人物呢，哪些细节让我们留下对人物深刻的印象呢。再比如说你发现《西游记》中有一个故事叫“三打白骨精”，《三国演义》中有个故事叫“三顾茅庐”，还有“三气周瑜”，《水浒传》中有“三打祝家庄”的故事。为什么都是“三”呢？是巧合吗？难道真是发生了三次吗？读得多了，你会发现这也许就是一种创作的手法吧。再往下读，你又会看到许许多多的作品中居然都有这个神秘的“三”的存在，慢慢地你就会用“三”的结构来写自己的故事。看，你不就又成长了吗？

阅读了这套书，接触过近百部经典之后，你会非常欢喜，因为收获满满，实实在在。这时候，我希望你把这些经典推荐给自己的小伙伴，或者，直接跟同伴讲这些经典故事吧。经典本身就需要被口耳相传，经典本身就可以通过一次又一次的接力传承下去。你甚至会发现，身边处处都是这些经典的影子。例如，有的经典被拍成电影，有的经典化为一个个细小的话题，有的值得进行专项的研究性学习、主题研究，等等。读经典，让整个人都变了。读经典的妙用就在于“陶冶性灵，变化气质”。

童年正在流逝，还等什么？赶紧读经典吧！

2017年10月

目　录 | *CONTENTS*

冬粮储备月（秋天第二月）

冬鸟做客月（秋天第三月）

《森林报·秋》导读方案

一、理解关键词句的含义和作用

我们在阅读文学作品时，往往会遇到一些难以理解的词句，这样就会阻碍我们理解某一句话或某一段话的意思。所以，我们必须正确理解词句的含义，而理解词句不能仅仅局限在表面含义，还要认真体会它们的作用。

1. 联系上下文理解关键词语的含义

我们在阅读时会遇到一些生词，这时我们可以结合词语所在语句的意思来理解它的含义。有时仅理解词语的本义是不够的，作者会为了表达某一种意思，而采用一些词的特殊含义，这时我们可以通过联系上下文的具体内容来理解这些关键词语的含义。

比如，在“兔子来来回回地兜着圈子，猎狗们也离猎人一会儿近些，一会儿远些”一句中，“兜”字就不是我们平时理解的“衣兜、口袋”的意思，而是“绕、绕弯”的意思。

2. 联系上下文体会关键词语的作用

了解了词语的含义，我们还要联系文章的具体内容，仔细体会其作用。一些关键词语既可以表达人物的感情、心情，又可以展现人物的性格特点。

比如，在“机灵鬼怪的兔子”一节中，园主人在连续识破了灰兔围着灌木绕圈、重叠脚印等花招后，仍然没有抓到兔子，最后“一无所获，园主人只好悻悻地回家去了”。这里用“悻悻”一词表现园主人非常失望的心情，也可以看出灰兔是个机灵鬼怪、诡计多端的家伙。

二、积累好词好句好段

我们在阅读文学作品时，会读到很多优美的词句、精彩的语段，这时就需要我们认真体会，多读、多记、多积累，然后多用、多学习。这样，以后我们就不怕写作文啦。

1. 好词

文学作品就像词语的百宝箱，它有生动形象的动词、丰富细腻的形容词、准确传神的拟声词，还有很多精练简洁的成语等，这些都值得我们好好学习。

比如，滑过　拽着　朦胧　光秃秃　心有余悸　排山倒海　怒目圆睁　气势汹汹

2. 好句

文学作品中还有很多优美的句子，有描写人物外貌的，有描写美丽风光的，有展开精彩对话的。这些句子大多描写准确，并运用了比喻、拟人、排比等修辞手法，都是值得我们积累的好句子。

比如，雪花就像鹅毛一样飘落着堆积着，黑色的树枝和无边的大地慢慢地变成了一片白色……

3. 好段

精彩的段落描写在文学作品中也很常见，有的巧用修辞展现妙趣横生的情节，有的用优美的语言描写景物，等等。我们平时应该注意积累和学习，这样对我们写作文会有很大的帮助。

比如，院落里的家禽——家鸭和家鹅一下子都清醒了过来。这些早已忘却自由是什么的鸟类，此时此刻不停地呼扇着翅膀，翘跐着脚掌，长长地伸着脖子，凄苦地叫唤着，陷入了莫名其妙的冲动之中！

三、了解作品的主要内容和主题

文学作品反映了特定时代的历史和社会内容，展现了丰富多彩的社会生活。阅读文学作品时，要注意把握作品的主要内容和主题。

1. 了解文学作品所展现的主要内容

阅读文章时，扫清了字词的障碍后，我们就可以整体地来把握文章的主要内容。只有抓住了文章的主要内容，才能更准确地了解作者的思路，提高我们分析、概括和认识的能力。

作品围绕九月、十月和十一月三个月里，各地小记者给《森林报》发来的一篇篇报道，讲述了秋天里的森林大事、城市新闻、候鸟迁徙、猎人狩猎等一系列小故事。这些小故事生动幽默，充满智慧，非常有趣。

2. 了解作品所表达的主题

作者写文章总有他的目的性，当我们能够把握文章的主要内容、体会文章的故事情节时，我们就可以深入地去感受作者的思想情感了。阅读文章时，我们把作者在文章中阐明的道理、主张和流露的思想感情概括起来，就能准确地把握文章的中心思想，也就能更深刻地理解文章的主旨了。

作品表现了森林里的动植物在秋天的多彩生活，向我们展现了秋天大自然的无穷奥秘，教我们怎样去观察大自然，怎样去思考和研究大自然。

四、把握人物形象的特点

在文学作品中，我们会发现各式各样的人物形象，他们有的可爱、有的勇敢、有的懦弱……在阅读文学作品时，我们要注意了解人物形象最突出的特点，抓住人物性格中与其他人不同的地方，这样才能更好地理解文学作品。

比如，大雁睡觉，要到离河岸 1 千米的浅沙滩上，雁群四面都有精神抖擞的哨兵站岗。当哨兵看到小狗在岸上来回跑动时，又忍不住游上岸察看……可以看出大雁的警惕性和谨慎劲，更表现出大雁好奇心强的性格特点。

五、感受语言的优美

好的文学作品经常运用优美的语言讲述生动的故事，表达强烈的情感。我们在欣赏文章的语言时要注意文章所采用的各种修辞手法，通过对这些修辞手法的鉴赏来提高我们的语言水平，并将借鉴到的语言特点更好地运用到我们的写作中。

比如，“只见它把蛇一般窄细的身体缩成一团，脊背弯成弧形，也纵身跳了过去。”这句话通过对貂跳跃之前的动作描写，形象地写出了貂在准备跳跃时的外形特点。

六、有自己的体会和看法

文学作品问世之后会遇到各种各样的读者。因为读者的经历、知识构成和看待问题的角度不同，所以，每个读者对作品的体会也是不一样的。我们在阅读文学作品时要有自己的体会，这样才能有收获。

比如，对“艰难猎貂”一节的理解：打猎是很辛苦的，不仅要风餐露宿，还要胆大心细、锲而不舍。猎人塞索伊奇费了那么大劲追踪貂，在最后关头却因经验不足而错过了收获的机会。

本书在《森林报 · 秋》原著基础上加以改编，以更适合青少年阅读。

阅读与写作能力提升要点

阅读能力提升要点	理解词语的深层含义
	体会关键语句的作用
	准确把握文章的内容
	深刻体会作者的思想情感
	感受作品的艺术特色
	对人物形象做出自己的评价
写作能力提升要点	扩大知识面，积累写作素材
	拓展思维，巧妙构思、立意
	勇于创新，充分发挥想象力
	巧用修辞，使语言生动形象
	准确描述，灵活运用表达方式
	感情真挚，真实表达思想情感

森　林　报

候鸟离别月（秋天第一月）　　从9月21日到10月20日

一年12个月的欢乐诗篇——九月

> 动词：这两个词语将初秋九月多云多风的天气特点言简意赅地展现出来，用词准确、精练。

九月份，乌云密布，狂风怒号。乌云经常笼罩着天空，风吹得愈来愈厉害。从这个月起，秋天开始了。

秋天也有一份自己的工作日程表，这一点和春天很相似。可是，和春天正好相反的是，秋天是从空中开始的。高高的树叶一见阳光不足，就马上开始打蔫萎败，慢慢变黄、变红、变褐。用不了多长时间，叶子就不见了碧绿的颜色。树枝上长着叶柄的部位，会出现一个颓败的圆环。即使在寂静无风的天气里，我们也会忽然发现，一片片红色的白杨树叶和黄色的桦树叶，轻轻地在空中飘来飘去，无声地在地面上滑过。

> 动词："滑过"准确、形象地表现出无风状态下叶子落到地面时轻盈的样子。

一大早醒来，你会看见白霜已经出现在了青草上面。我们可以在日记里记下正在发生的一切。秋天真的来到了！从今天开始，更确切地说，是从昨夜开始。要知道，头一批霜，总是出现在黎明以前。慢慢地，森林里富丽堂皇的夏装就会全部被换掉。枯叶愈来愈频繁地从树枝上飘落下来，吹落树叶的寒风很快就要吹来了。

天空中不见了雨燕。家燕和在我们这里度过了夏天的其他候鸟，都陆续地在夜里悄悄踏上征程，成群结队地飞走了。天上一片空旷。我们再也不会到河里洗澡了，因为水已逐渐变得冰凉了……

忽然，暖洋洋的天气又出现了，这是在纪念那火热的夏天吗？天气是那么晴朗、温暖、静谧！一根根长长的细蜘蛛丝，在寂静的空中，发着银白色的光……欣欣向荣的新绿又闪现在田野里了。“好一个秋老虎！”村里人笑了，他们笑眯眯地看着生机勃勃的秋播作物，眼中满是怜爱之情。

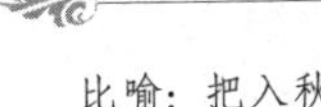

比喻：把入秋以后短暂炎热的天气比喻成“老虎”，生动、形象。

在森林里，大家都在着手做过冬的准备工作。在春天来到以前，对未来生命的一切关怀，都停下了。它们都把自己裹得暖暖和和的，找地方踏踏实实地躲藏起来了。

唯一不怎么甘心的是兔妈妈，它不相信，夏天就这么不见了。它又生下了一窝小兔子，这就是我们可爱的“落叶兔”！

不过，夏天确实结束了。细柄的食用蕈都长出来了。

候鸟说再见的月份到来了。

就跟在春天一样，《森林报》的记者从森林里给我们编辑部发来了一封又一封的电报：时时有新闻，天天有大事。就像在候鸟返乡月时那样，鸟又开始了大迁移。只不过，这一回是从北方飞向南方。

就这样，秋天开始了。

·我的好词好句积累卡·

静谧　富丽堂皇　欣欣向荣　生机勃勃

要知道，头一批霜，总是出现在黎明以前。慢慢地，森林里富丽堂皇的夏装就会全部被换掉。

村里人笑了，他们笑眯眯地看着生机勃勃的秋播作物，眼中满是怜爱之情。

来自森林的第四份电报

鸣禽都不见了踪影，我们看不到它们五颜六色的华丽服装了。我们没有看到它们上路时的情景，因为，它们飞走的时间，都是在半夜时分。

成语：准确精练地写出了各种鸟的羽毛颜色各异、非常美丽的样子。

鸟白天飞行比较危险，因为老鹰、游隼和其他猛禽会在半路上等着它们，随时袭击它们。所以，为了安全起见，许多鸟更喜欢在夜间飞行。即使是在黑暗的夜里，它们也能照样找到通向南方的道路，这正是它们的神奇之处。

野鸭、潜鸭、大雁和鹬等水鸟，会成群地出现在海上的长途飞行路线上。在旅途中，这些长着翅膀的旅客会短暂停留，它们停留的地点，恰恰正是它们在春天到过的地方。

森林里的树叶在逐渐变黄、飘落。6只小兔子出生了，这是兔妈妈今年生的最后一窝小兔子，它们就是我们通常所说的“落叶兔”。

在海湾的泥岸上面，每天夜里，都会出现一些小点子、小十字，遍布整个淤泥地面。为了弄清楚到底是谁在这里调皮，我们在小海湾的岸上面搭建了一个小帐篷。

唱着歌说再见

一个椋鸟巢，孤零零地悬挂在白桦树上。树上已没有几片叶子了，树枝显得光秃秃的。莫非这个巢是空的？它看起来是那么轻，在风中微微晃动。

突然，远处出现了椋鸟群，其中两只朝着白桦树飞了过来。雄椋鸟停在树枝上，东张西望；而雌椋鸟径直进到巢内，窸窸窣窣啄个不停，开始整理小巢。雄椋鸟嘴里也没闲着，它一直唱个不停，那是属于它们自己的歌声吧！

拟人：这句话将椋鸟的叫声比拟成人的“歌声”，突出它们声音的悦耳，很形象，很有趣。

整理好了以后，两只椋鸟又急急忙忙飞回鸟群，雌鸟在前，雄鸟在后。到了远行的时候了，时节已到，很快，很快，它们就要离开这个再熟悉不过的地方了。

在暖暖的夏天，它们在这小屋子里生下了它们的孩子。现在它们唱着歌来跟这小屋子说再见。

在春暖花开的春天，它们还会回来，回到它们的这个小屋子。它们铭记着这里的一切。

晶莹剔透的早上

9 月 15 日—— 一个晴朗和煦的秋日。和平时一样，我起了个大早，漫步在大花园里。

天高云淡，空气清新，虽已有淡淡的凉意，但能见度很好。在灌木、乔木和绿草之间，细细的蜘蛛网泛着银白色的光，网上点缀着一个个小小的“琉璃珠”，在大多数蜘蛛网的正中间，都会有只蜘蛛伏卧在上头。

比喻：把露水比喻成“琉璃珠”，形象地写出了附着在蜘蛛网上的露珠晶莹剔透的样子。

有一张银白色的蜘蛛网挂在两棵小云杉的树干之间，在寒露的烘托下，晶莹剔透、惹人怜惜，让人不忍心去触碰它。而中间的蜘蛛静静地蜷缩在那里，像个小皮球似的。蜘蛛是在睡觉吗？嗯，有可能，因为没有苍蝇在飞。抑或是它被冻得僵硬了？是不是它已被冻死了？

我忍不住用小指头尖很轻地触碰了小蜘蛛一下。

“啪”的一声，就像一个冰冷的小石块一样，小蜘蛛径直掉落在地上。

令我感到意外的是，落地后的小蜘蛛，一跃而起，快速奔跑，转眼间已消失在草丛之中，不见了踪影。

原来它是在耍花招，哈哈！

我想知道的是，它最后还会回到这面网上吗？它还能不能找到回来的路？抑或是它会重新编织一张新的蜘蛛网？想一想都感觉那是个辛苦活，也真难为小蜘蛛了。

细草梢上的小露珠一动一动的，酷似泪珠在细长的睫毛上滚动。它们反射着朝阳的光芒，透着股喜气劲。

景物描写：运用比喻、拟人等修辞手法，既写出了眼前之景，又赋予眼前之景以生命活力。

最后一季的小野菊还残留在道路两边，花瓣做成的白裙子无精打采地耷拉着，似乎在盼望着太阳公公的关照。

空气是那么清新、纯净，尽管微微有些凉意，但给人的感觉却是晶莹剔透的。周围是那么华美、靓丽：摇曳多姿的树叶，银白色的被蜘蛛网以及露水覆盖的青草，那种夏天比较少见的深蓝色的小河流水。这样一个晶莹剔透的早上，让人感觉无比愉悦、欢畅。我观察到的最不好看的东西，是一棵带着一缕一缕湿漉漉的冠毛的蒲公英；还有一只头顶有点脱毛的无色灰蛾，可能是被小鸟啄过了，脑袋上裸露的部分肉皮和毛茸茸的身体形成了一种反差。回望不久前的夏日时光，蒲公英拥有数不清的降落伞，显得那么神气！而那个时候的灰蛾呢，浑身的毛蓬松着，脑袋光光的，没有一点破损，浑身散发着勃勃生机！

对比：将时下秋天的情形和夏天做对比，更突出了现在的蒲公英和灰蛾的可怜。

我感觉它们好可怜，于是把灰蛾轻轻地安放在蒲公英上面，把它们端在手上，以便让林子上面透过来的阳光能够照耀到它们，好好照一会儿。奇迹出现了，本来又凉、又潮湿的快要死去的灰蛾和蒲公英，现在慢慢地恢复了生机，复活过来了：灰蛾的小翅膀渐渐有了生气，像是被什么东西熏过似的，变得毛茸茸的；蒲公英的那些灰灰的小降落伞也变得干燥起来，又白又轻，又飘浮起来了。这两个可怜的小家伙终于又变得好看了。

在森林的另一个角落里，有一只嘴里叽里咕噜地嚷嚷着的琴鸡。

我靠近灌木丛，打算悄悄从灌木丛后面绕到它身边，弄清它到底是如何黯然地嘀咕着自己的心事和“啾弗，啾弗”地鸣叫的，是不是它又沉浸到春天的玩耍里去了。

我刚走到灌木丛跟前的时候，就听见一阵扑噜噜的声响，这只黑黑的琴鸡仿佛是从我的脚跟底下一飞而起，让猝不及防的我不禁一怔。

拟声词：这句话中的拟声词“扑噜噜”不仅将琴鸡忽然飞起的声音准确地传达了出来，还将作者当时紧张、感到意外的心情也传达了出来。

好家伙，弄了半天它就蹲卧在我脚边，我还以为它在远远的角落里呢！

就在这时，一阵喇叭似的声音从远处传来，我知道，那是大鹤们的鸣叫声。它们在高空中排成一个个“人”字形向远方飞去。

它们越飞越远，直到消失在天边……

在水中踏上征途

有点褪色的绿草地上，打蔫的草无精打采地趴着。

秧鸡，作为我们的竞走运动员，早已踏上了遥远的征途。

一群群矶凫和潜鸭，活跃在空旷的大海上，循着长途飞行线跋涉着。偶尔，它们也展开翅膀飞起来。但大部分时间，它们潜在水中搜寻着鱼，就是这么潜行着，潜行着，渡过了湖泊，渡过了海湾。

它们早已习惯了在水下的这种生活，就像在自己家里一样。

动作描写：通过一系列具体的动作描写，生动地写出了矶凫和潜鸭向水中潜行的过程。

在潜行方面，它们的身子似乎有先天的优势，只需低一下头，用脚蹼使劲往后一蹬，即可潜入深水之中了。而一般的鸭子，是要先抬起身子再向水下扎猛子的。矶凫和潜鸭只要一游起来，速度就极快，鱼是追不上它们的，更不要说来到水下的别的任何一种长翅膀的猛禽了。

林中汉子的争斗

天擦黑的时候，低沉的短吼声从森林深处传来。紧接着一只大个的雄驼鹿从密林里走了出来，仿佛是个强壮的汉子。它们向对手发出的挑战信号是嘶哑的吼声。那吼声很像是从胸膛里面发出来的。

在空地上，对手们相遇了。它们眼睛里布满血丝，用蹄子刨着地面，摇晃着又笨又重的犄角，时刻准备着进攻。突然之间，战斗开始了。它们低着头，拼命用大犄角去撞击对方，在一片脆响和“咔咔”声当中，犄角和犄角纠缠在一起。它们用庞大的躯体，带着全身的重量猛烈地冲撞对手，拼命想把对方的脖子扭断。

拟声词：“咔咔”把犄角和犄角互相撞击的声音准确地表达了出来，也展现了战斗的激烈。

时而分开，时而又冲上去，一会儿把前身弯到地上，一会儿又用后腿站立起来，它们的目标都是用犄角消灭对手。

伴随着笨重犄角的猛烈撞击，“咔嚓”“咔嚓”的声音响起。怪不得有人把雄驼鹿称作“犁角兽”，它们的犄角又大又宽，确实像犁一样。

这类争斗的结果经常是这样的：有的雄驼鹿被可怕的大犄角撞断了脖子，鲜血直流，被战胜方用沉重的蹄子踢死；有的运气好的战败方，可以急急忙忙地从战场上逃走。

犁角兽庆祝胜利的方式是发出强烈的吼声，那声音可以传遍整个森林！

夸张：运用夸张修辞，把犁角兽驼鹿吼声的强烈程度形象地表现出来。

一只没有犄角的雌驼鹿，会在丛林深处等待着它。胜利的雄驼鹿成为了这个地方的新主人。

以后无论哪一只雄驼鹿都不再被允许进入这片领地，甚至连年幼的小雄驼鹿都不可以，只要被发现了，就会马上被驱赶出去。

雄驼鹿那强烈的吼声，就像巨雷似的响彻周边森林。

末季的浆果

长在泥炭土墩上的蔓越橘也成熟了，散布在沼泽湿地上。隔很远，我们就可以看到它们的浆果很干脆地躺在青苔上；但却看不到，它们到底长在什么东西上面。距离近一些，我们才可以发现，一些像茸毛一样的细细的茎延伸出来，两边长着一些硬硬的小叶子，泛着光芒，而青苔变成了它们的“枕垫”。

比喻：这句话把青苔比喻成蔓越橘的“枕垫”，形象地写出了蔓越橘浆果躺在青苔上的样子。

这活脱脱就是一棵小灌木哇！

原路返回

每一天，每一夜，都会有一批批长翅膀的旅客出发上路。它们一点都不着急，慢慢地飞着，歇息的时间很长。这一点和春天是不一样的。看得出来，它们是不愿意离开故乡的！

它们搬家的顺序跟来时正好相反。现在，第一批飞走的是那些色彩鲜艳的、花花绿绿的鸟；最后动身的是春天最先飞来的燕雀、百灵、鸥鸟等。在很多鸟类中，都是年轻的飞在前面；雌鸟比雄鸟先飞走；谁强壮有力，能吃得起苦，谁就走得晚些。

南方是大多数鸟的目的地，比如意大利、法国、地中海、西班牙、非洲国家等。也有一些向东飞的鸟，它们越过乌拉尔，越过西伯利亚，飞到印度去，有的甚至飞到美国去了。几千千米甚至上万千米的距离，对它们来说，只是小菜一碟，无比轻松。

等待助手

灌木、乔木和青草，都在匆匆忙忙地安顿着后代子孙。

一对对的翅果，从槭树枝上垂了下来。它们早已裂开了，只等着风吹来，带走它们，把它们播种出去。

盼望着风快快吹过来的还包括草族民众：高大的长茎上，一串串华丽的、蚕丝似的灰色茸毛，从干干的花盘里伸出来；香蒲长得比沼泽地里的草还要高，因为它的茎顶端好像穿上了褐色的小“皮袄”；毛茸茸的小球附着在山柳菊上，已经做好了在晴朗的天气里随风飘走的准备。

还有数也数不清的草，果实上长着长短不一的细毛，有的普普通通，有的就像鸟的羽毛似的。

也有很多植物等待的对象不是风，而是四条腿的动物朋友和两条腿的人。它们分布在路两边的水沟旁和收割过后的田地里。长着尖头的干燥花盘的牛蒡，牢牢地拽着自己菱形的种子，等待着人或动物上钩；专门戳行人袜子的，是调皮的鬼针草的黑色的三角形的果实；喜欢钩住人的衣服不放手，只有连同衣服上的毛绒一同扯下才能把它擦除掉的，是带钩刺的猪秧秧的又小又圆的果实。

动词："拽着"准确、形象地写出了牛蒡和自己的种子紧紧连在一起的状态。

秋天的蘑菇

森林里此时此刻真凄凉！光秃秃的，湿漉漉的，还散发着一股烂树叶的气味。唯一能给人带来安慰的，是一种洋口蘑。它使人见了感觉神清气爽。它们有的像一家人密集地待在树墩上，有的调皮地爬上了树干，有的散布在地上，仿佛有心事似的独自徘徊。

看上去叫人舒服，采起来也叫人痛快。一会儿工夫就可以采一小篮。并且只采菌盖，专挑好的采呢！

小洋口蘑十分好看：它们的菌盖还绷得紧紧的，好像孩子头上戴着的无边小帽，脖子里围着一条白色的小围巾。过些日子，帽子边沿会翘起来，就像一顶真正的帽子，而围巾则变成一条领子。

整个帽子上都是像烟丝一般的细小鳞片。很难确定它是什么颜色的，反正是一种叫人看了很惬意的、宁静的淡褐色。小洋口蘑菌盖下的菌褶是白色的，而老洋口蘑的是浅黄色的。

你是否注意过：当把老洋口蘑的菌盖放到小洋口蘑的菌盖上去的时候，小洋口蘑的菌盖上就好像被敷了一层粉似的。你心想："莫非它们长霉了？"可是细想你会想起："这是孢子呀！"是的，那是老洋口蘑的菌盖下面撒出来的孢子。

假如你想吃洋口蘑的话，那你就必须了解它们的所有特征。市场上经常会有人把毒蘑菇错认作洋口蘑。有些毒蘑菇像洋口蘑一样，也生在树墩上。所不同的是，这些毒蘑菇的菌盖下都找不到领子，菌盖上没有鳞片，菌盖色彩鲜艳，有黄的，有粉红的，菌褶或是黄色的，或是淡绿色的。至于孢子，是乌黑的。

·写一写，练一练·

1. 写出下列词语的近义词。

优势——（　　）　歇息——（　　）

舒服——（　　）

2. 给下列加点字注音。

打蔫（　　）　潜行（　　）

来自森林的第五份电报

我们暗地里躲起来，偷偷地观察着，看到底是谁在海湾沿岸的淤泥地上踏出了这些小十字和小点点。

弄了半天，这是滨鹬的杰作！

滨鹬的小饭馆坐落在遍布着淤泥的小海湾里，它们时不时会在这里吃点东西，休息休息。在这片柔软的淤泥上，它们迈着长长的腿走来走去，留下了许许多多3个分得很开的脚趾的印痕。而那些淤泥里的小点点，是它们用长嘴啄的，每当它们想吃早饭，就会把长嘴插到里面搜寻小虫子。

我们捕捉到一只鹳。它在我们的屋顶上住了一整个夏天。在它脚上，我们套上了一个很轻的小金属环（铝制的）。环上刻着一行字：莫斯科，鸟类学研究委员会，A组第195号。然后，我们把它释放，让它戴着脚环飞走了。如果有人在它过冬的地方捉住它，我们就可以从《森林报》上知道，我们这地区的鹳冬天到底住在什么地方。

森林里的树叶已经完全变了色，开始纷纷飘落了。

·我的好词好句积累卡·

杰作　柔软　印痕　飘落

在这片柔软的淤泥上，它们迈着长长的腿走来走去，留下了许许多多3个分得很开的脚趾的印痕。

森林里的树叶已经完全变了色，开始纷纷飘落了。

城市新闻

空中猎袭

在列宁格勒的伊萨基耶甫斯基广场，就在行人的面前，“它”给我们上演了一出大白天空中猎袭的精彩好戏。

广场上，一群可爱的鸽子飞了起来。突然，一只巨大的隼，从伊萨基耶夫斯基教堂的圆屋顶上“呼”的一声飞了出来，向着最靠边的那只鸽子猛扑过去。眨眼之间，空中鸽毛乱舞。

> 拟声词：“呼”将隼快速飞出的声音准确地传达了出来，也将它的凶猛之态表现了出来。

路人们可以清楚地看到，那群受到惊吓的鸽子，都慌里慌张地躲藏到一幢大房子的屋顶下面去了；而那只大隼，用脚爪紧紧抓住鸽子的尸体，不慌不忙地飞回到大教堂的顶上去了。

大隼很喜欢把老巢安在教堂的圆屋顶和大钟楼上，因为从那里侦查猎物很方便。

暗夜里的惊扰

差不多每天夜里，城郊外面，家禽都会遭遇惊扰。

院子里闹哄哄的一片，人们听到了，连忙从床上跳下来，打开窗户伸头往外看。怎么回事？发生什么事了吗？

心理描写：通过这几句心理独白，将院主人的迷惑表达了出来。

院子里，鹅“咯咯”地叫喊，鸭子“嘎嘎”地吵闹，家禽都在使劲地扑棱着翅膀。是狐狸进院子了吗？或者，莫非是黄鼠狼咬它们来了？

问题是，什么样的黄鼠狼和狐狸，能穿过铁门，钻到石头围墙里面来呢？

主人们仔仔细细地察看了一遍整个院落，又检查了家禽窝。一切都正常得很。如此坚固的锁，如此坚固的大门，谁也不可能偷偷地潜入。很可能是家禽做噩梦了吧？现在它们不是已经鸦雀无声了吗？人们又躺回床上，安心地睡着了。

想不到的是，大约一小时后，咯咯、嘎嘎的声音再一次传来，又乱套了。到底怎么回事呀？院子里又怎么了？

主人们赶快打开窗户，侧耳倾听，仔细观察。天上的星星发着金色的光芒，在黑洞洞的天空中眨巴着眼睛。一切又都归于平静了。

突然，仿佛有一条模模糊糊的影子，从上面飞过去了，它们排着长长的队伍，把天上的星星的金色光芒都遮挡住了。快听，好像有一阵断断续续的、轻柔的呼啸声，就从那面的天空，似有似无地飘了过来。

院落里的家禽——家鸭和家鹅一下子都清醒了过来。这些早已忘却自由是什么滋味的鸟类，此时此刻不停地扑棱着翅膀，翘跐着脚掌，长长地伸着脖子，凄苦地叫唤着，陷入了莫名其妙的冲动之中！

动作描写：通过一系列具体的动作描写，将家禽对大雁在空中自由飞翔的羡慕之情巧妙、准确地表达出来，非常生动。

自由的野生姐妹们，正在高高的夜空上呼唤着它们。那些长着翅膀的旅行家们，在石头屋子的上空，在铁皮屋顶的上方，扑扇着翅膀，一群又一群地一飞而过。野生的雪雁和大雁也在叫喊着，呼应着。

“咯！咯！咯！出发啦！出发啦！飞向温暖！飞向美食！出发吧！出发吧！”

语言描写：运用语言描写准确、形象地表达出野生大雁对家禽的召唤，生动、有趣。

候鸟们响亮的呼唤声渐渐远去，而那些早已忘却如何飞行的家鸭和家鹅，依然在石头院落里，“咯咯”“嘎嘎”地胡乱喊叫，吵闹不休。

·我的读后感·

读了以上内容，我认识到家禽虽然不能在空中飞翔，但它们的内心还是有对自由飞翔的渴望。这是它们能够对野生雪雁和大雁的召唤声产生共鸣的根本原因。

来自森林的第六份电报

清晨的冷霜来袭了。

有一些灌木的叶子好像被刀削过了似的。风一吹，叶子立刻像雨点般飘落下来了。

苍蝇、蝴蝶、甲虫大都躲藏到属于它们自己的地方去了。

那些能鸣叫的候鸟们，已经感觉到了饥饿，匆匆忙忙地穿过一片片丛林远去了。

鸫鸟一群群地扑向了熟透的山梨。只有它们不会抱怨肚子饥饿。

拟人：把秋天树林里的寂静比拟成“沉醉在美梦当中”，突出了森林的宁静。

森林里，早已听不到鸟的歌声了。树木都沉醉在美梦当中了。只有寒风，在光秃秃的森林里，吹着凄厉的口哨。

山　鼠

在我们挑土豆的时候，突然发现在牲畜栏里，有个东西在不停地动，发出“沙沙”的声音。就在这时，一只狗跑过来，蹲到那里，用鼻子闻来闻去。但那个小东西还是在不停地钻来钻去。于是，狗开始用爪子使劲刨坑，一面刨，一面“汪汪”大叫，而那个小东西也朝它这边钻了过来。狗挖出了一个小坑，差一丁点就可以看到那个小东西的头部了。

然后，慢慢地，随着坑越挖越大，小东西基本暴露出来了，狗把它拽了出来。突然，小东西竟然咬了狗一口。狗连忙把它扔出去老远，“汪汪”地冲着它恼怒地大吼起来。小东西全身长着天蓝色的毛，中间夹杂着黑色、白色和黄色，个头大概和小猫差不多大。哈哈，这个可爱的小东西就是山鼠。

形容词：“老远”将狗被山鼠咬了以后的惧怕心理形象地表现了出来。

都忘了采蘑菇的事了

九月份，我和同学们相约去树林里采蘑菇。在那里，4只灰色的榛鸡都被我吓跑了。我记得它们的脖子都是短短的。

紧接着，一条死蛇映入眼帘，它挂在树墩上，晒得干干的。树墩上有个小小的洞口，一声声咝咝的叫声从那里传来。那里可能是个蛇洞吧！想到这里，我就赶忙从那个可怕的地方跑开了。

然后，当我快走到沼泽地的时候，我见到了有生以来从没见过的动物：7只鹤，就像一群绵羊一样，从沼泽地上徐徐地升了起来。而在此之前，我只在学校的图书上见过鹤。

我一直在树林里瞎逛，都忘了采蘑菇的事了，而伙伴们都采成语：把树林里远近不同的不连续的鸟叫声准确、精练地表达了出来。

了满满一篮子蘑菇。树林里到处都有鸟婉转啼鸣，时有时无。

就在我们回家的时候，一只灰兔子从路上一跑而过。它的脖子和后脚是白色的，但其他地方都是灰色的。

我们避开了那个有蛇洞的树墩。我们还见到了一群群的大雁，它们大声地叫唤着，飞过了我们的村子。

喜　鹊

春天的时候，村子里的几个小孩捣毁了一个喜鹊窝。他们卖给我一只可爱的小喜鹊。只过了一天一夜，小喜鹊就开始乖乖听话了。第二天它已经开始喝水了，也开始吃我手里的东西了。我为它起了一个名字——“魔术师”。叫它，它就应声，它已经习惯了这个称呼。

在翅膀长成之后，“魔术师”总喜欢飞到门上蹲着。在门对面的厨房里，摆放着一张带有抽屉的桌子。抽屉可以拉出来，里面总是放有一些好吃的。经常的情况是，你刚一拉开抽屉，“魔术师”马上就从门上飞到里面去，不顾一切地去吃里面的东西，有什么吃什么。拖它出来的时候，它还不停地乱叫，不愿意退出来呢！

动词：“拖”准确、生动地写出了喜鹊贪恋食物，不愿意离开的神态。

每当我去打水的时候，就喊一嗓子：

“‘魔术师’，跟我走吧！”

它就马上飞到我的肩膀上，跟我走了。

每当我们喝茶的时候，“魔术师”总是第一个先忙起来：一会儿抓糖，一会儿抓甜面包，有时候甚至还把爪子放到滚烫的牛奶里面去。

最好玩的是，有一次我去菜园的胡萝卜地里拔杂草，“魔术师”蹲在垄沟上盯着我，仿佛在琢磨我到底在做什么。盯了一会儿以后，它也开始学我的样子，从垄沟上，拔起来一根根绿茎，放到一块。哈哈，它在帮我除草呢！

可惜的是，它分不清楚胡萝卜和杂草，干脆都一起拔下来。唉，真是个好帮手哇！

是时候躲起来了！

炎热的夏天已成为过去……

天气慢慢冷起来了……

动物们的血液快要被冻成冰了，大家都懒洋洋的，不想动弹，惺忪着眼想睡觉。

夸张：运用夸张修辞，将天气寒冷的程度形象地表现出来。

瞧，长着尾巴的蝾螈，慢慢地从池塘里爬上岸来。整个夏天它可是一直住在池塘里的，从没出来过。只见它慢慢地朝树林方向挪动步子，拣了一个腐朽不堪的树墩子，钻进了树皮里，蜷缩好身体，进入了睡眠状态。

和蝾螈正好相反的是，青蛙从岸上跳入池塘，潜入水底，钻到淤泥深处去了。而蜥蜴和蛇则躲藏到树根底下，把青苔当成了暖和的被子。再看鱼，它们是成群结队地游到深水里去的，因为那里的水要比浅水暖和，鱼的冬天就要在那里度过了。

比喻：将青苔比喻成蜥蜴和蛇的“被子”，形象地表现出了青苔对蜥蜴和蛇的保暖作用。

树皮里，墙壁裂缝里，是某些小东西，比如苍蝇、蝴蝶、甲虫、蚊虫等惬意的避冬场所，整个冬天，它们都会藏在那里面。蚂蚁的“城市”有着数不清的出入口，现在都被堵上，封锁起来了。它们要到它们高大“城市”的最中心去，你抱着我，我抱着你，恬静地进入梦乡了。

就要挨饿了！就要挨饿了！

食物，对于热血动物，比如野兽哇、鸟哇，有着重要意义，特别是在寒冷的季节。因为只有吃了东西，它们的身体才会暖暖和和的，才有能力抵抗寒冷。问题是，伴随着寒冷而来的，是饥饿。

蝙蝠找不到苍蝇、蚊虫、蝴蝶来充饥了，因为它们都随着寒冷的到来而销声匿迹了。这个时候，蝙蝠所要做的，只能是躲藏到石穴里、岩缝里、树洞里或阁楼顶上，倒挂着，缩起斗篷似的翅膀，用后脚爪抓住点东西，到睡梦中玩耍去了。

成语：“销声匿迹”将苍蝇、蚊虫、蝴蝶等在秋天迅速消失的情形言简意赅地表达出来，准确、精练。

蜗牛、蛇、青蛙、癞蛤蟆、蜥蜴，都找地方躲藏起来了。躲藏在树根下面的草窠里的，是刺猬。即使是獾，也很少出洞乱窜了。

·我的好词好句积累卡·

沉醉　婉转　腐朽　销声匿迹

树林里到处都有鸟婉转啼鸣，时有时无。

有一次我去菜园的胡萝卜地里拔杂草，“魔术师”蹲在垄沟上盯着我，仿佛在琢磨我到底在做什么。盯了一会儿以后，它也开始学我的样子，从垄沟上，拔起来一根根绿茎，放到一块。哈哈，它在帮我除草呢！

候鸟飞走过冬去了

从天上看秋天

如果能从天上看看我们这片一望无际的国土，那该多好哇！在秋天，我们可以乘着气球升到高空，最好距地面 30 千米吧，那会比静悄悄的森林还要高，比飘荡着的云彩还要高！诚然，即使是这样，你也不能看到国土的边际。但是，如果万里无云，天气晴朗，我们还是能够观察到很远很远的地方的。

从这么高的位置望去，会有种感觉——我们的整个大地都在移动：在草原、森林、高山和海洋的上空，有某种东西在缓缓移动……

哦，原来是一群群的鸟，数也数不清楚。

我们这里的鸟，就要离别故土，向过冬的地方飞去了。

当然，也有某些鸟留了下来，比如黄雀、灰雀、山雀、麻雀、鸽子、寒鸦、啄木鸟和其他种类的小鸟；除了鹌鹑以外的一切野雉，还有大猫头鹰和老鹰也不飞走。但是，冬天里，猛禽在我们这里也极少有活干，绝大多数鸟最后还是选择了离开。

候鸟的迁徙，其实从夏季末期就开始了。最先离开这里的，是春天最后飞来的那一批鸟。整整一个秋天，鸟都在迁徙，一直持续到河水被冻成冰。最后飞离这里的，是春天最先飞过来的那批鸟，比如云雀、野鸭、鸥、椋鸟、秃鼻乌鸦等。

各有归途的鸟

一般人可能认为，一群一群的鸟都是从同温层飞往越冬的地方的，它们的方向应该都是由北往南飞吧？这种看法是不正确的！

并不是所有的鸟都是从北往南飞去越冬的。有些鸟，是从东往西飞的。有些鸟，呵呵，正好相反，是从西往东飞的。令人想不到的是，我们这里还有一些鸟，会直接飞往北方去度过冬天！

不同的鸟，飞走的时间段也不尽相同。当然，为了安全起见，大多数的鸟是选择在夜间迁徙的。

什么鸟会往什么方向飞，长途跋涉的旅行家们在路上身体可好……所有这一切，我们的专业记者都会发无线电报给我们，或者通过无线电广播告诉我们。

由西往东

红色的朱雀，不停地在鸟群里聊天，“嘁，依！嘁，依！”地叫唤着。它们早在八月份就踏上征途了。不管是从波罗的海海滨，还是从诺甫戈罗德省区

拟声词：不仅将朱雀的叫声准确地传达了出来，也将它悠闲自在的心情传达了出来。

和列宁格勒省区，一路上它们总是慢条斯理、悠闲自在地飞行着。因为，到处都有吃的东西，饿不着肚子，何必着急赶路呢？家里没有小宝贝等着喂食，也没有要紧的工作等着它们，更不需要急着回去筑巢。

在我们的注视下，它们飞越了伏尔加河，又飞越了乌拉尔一座矮矮的山岭。它们现在的位置就在西伯利亚西部的草原（巴拉巴）上！追随着太阳升起的方向，它们一路向东，轻松自在地飞行着。在巴拉巴草原上，最常见的就是一片片桦树林。在树林的上方，朱雀们一飞而过。

我们注意到，它们总是在白天吃东西、歇息，尽可能地在夜间飞行。为什么呢？它们不都是成群结队地飞行吗？况且每只鸟都很有警惕性，还有什么可担心的呢？答案是，这样做的目的是尽可能避免灾祸的发生，避免被老鹰抓去。可是，即使是这么谨慎，还是不时会有小鸟遇害。西伯利亚有太多的雀鹰，太多的燕隼，太多的灰背隼……它们的速度极快！小鸟们最危险的时刻，是从一片丛林迁移到另一片丛林的时候。在那个时间段，那些猛禽总是会抓到许多小鸟！小鸟们晚上的威胁主要来自凶残的猫头鹰，但它们的数量很少，所以晚上要比白天安全一点。

排比：通过这个排比句式，将朱雀在西伯利亚的众多天敌列举出来，更说明了它们的处境非常险恶。

就在这里，就在西伯利亚，朱雀要改变飞行方向，它们接着会先后飞越阿尔泰山脉、蒙古沙漠。它们最终的目的地是炎热的印度，在那里，它们将安心地度过冬天。但是，在到达印度以前，有无数的小鸟牺牲在了艰苦卓绝的旅途之中！

成语："艰苦卓绝"将鸟迁徙途中的艰难程度准确、精练地表达了出来。

简要介绍 Φ—197357 号铝环

时间回溯到 1955 年 7 月 5 日，在北极圈外白海边的干达拉克沙禁猎区，有一位年轻的科学家，他把一只很轻的小金属环套到了一只北极燕鸥（一种腰身纤细的鸥）雏鸟的脚上。Φ-197357 是那个铝制脚环的编号。

雏鸟在那一年的 7 月底终于学会了飞行。紧接着它就加入了冬季旅行的大部队，和其他北极燕鸥一起飞走了。一开始，它们往北飞——飞到白海海域；之后向西飞行——沿着科拉半岛北岸飞行；然后，又向南飞——顺着挪威、英国、葡萄牙以及整个非洲的海岸线飞行。它们还绕过了著名的好望角，向东方移动——从大西洋向印度洋飞去。

一位澳大利亚科学家，偶然在大洋洲西岸福利曼特勒城近郊捉住了一只小北极燕鸥。它的脚上戴有一个小金属环，编号正是 Φ-197357。这一天是 1956 年 5 月 16 日。而从这里到干达拉克沙禁猎区，直线距离足足有 24000 千米。

在澳大利亚彼尔特城动物园的博物馆里，至今保存着这只脚上戴着金属环的小北极燕鸥的标本。

由东向西

比喻：将大群的鸥鸟和野鸭分别比喻成“白云”和“乌云”，形象地写出了鸟群的规模非常壮观。

每年夏天，像乌云似的铺天盖地笼罩在奥涅加湖上的，是源源不断孵化出来的野鸭。而那好像白云似的飞来飞去的，是大群的鸥。到秋天的时候，这些大片的“白云”和“乌云”也会迁徙。只不过它们会飞向日落的方向，飞向西方。

鸥群和野鸭群组成的“白云”和“乌云”，已经开始飘向越冬地了。就让我们的飞机尾随它们，和它们做伴吧！

一阵刺耳的呼啸声传来，怎么回事？紧接着传来的是哗哗的水声、翅膀的扑棱声、野鸭绝望的呷呷声、鸥的喊叫声……

原来，这些鸥和野鸭，本想在林中的湖泊上稍做歇息，哪想到正好和一只也在迁徙的游隼遭遇了！游隼没有放过送到眼前的猎物，它迅猛出击，速度极快，就像牧人挥舞的长鞭似的，搅动着空气，发出了刺耳的呼啸声，冲到空中的野鸭群中。它小趾头上面的利爪，就像尖刀一样锋利。游隼在野鸭群背上一划而过之后，一只野鸭立马中招，耷拉下了脖颈。在受伤的鸟落到湖中以前，游隼迅速一个转身，牢牢抓住了它。午饭有着落了，游隼还不忘用钢铁般的利嘴啄下了猎物的后脑，使它彻底丧失了抵抗能力。

比喻：将游隼比喻成“野鸭群的梦魇”，形象地说明了游隼对野鸭群的巨大危害。

就是这只游隼，成为了野鸭群的梦魇。

它和野鸭们一路同行，从奥涅加湖出发，飞过了列宁格勒，飞过了芬兰湾，飞过了拉脱维亚……当它吃饱喝足以后，就会蹲在树上或者岩石上，冷冷地看着眼前的一切：在水面上飞行的群鸥，在水面上朝下翻转的野鸭，它们从水面上起飞，成群结队地继续往西方前进。前方的美景在等待着它们：波罗的海海水的灰色光芒，太阳像黄球一样落下山去。可是，如果游隼的肚子饿了，就会迅速飞入野鸭群中，抓一只野鸭当美食享用。

就是这样，这只长着翅膀的豺狼一直跟随着野鸭群，顺着波罗的海海岸、北海海岸飞，飞过不列颠岛。在那里，野鸭终于可以摆脱游隼的纠缠。因为这就是我们的鸥和野鸭迁徙的目的地。而游隼的旅程还很长，它还要跟随别的野鸭群继续向南飞行，穿过法国、意大利，飞过地中海，飞到炎热的非洲去。

往北飞，飞往极夜地区

在白海的干达拉克沙禁猎区，生活着多毛绒鸭。我们做冬大衣使用的又轻又暖的鸭绒，就是这种野鸭身上的。致力于保护绒鸭，多年来一直是这个禁猎区的传统。科学家和大学生们会给绒鸭戴上脚环，那是一种很轻巧的金属环，上面写有编号。这样做，就可以弄清楚绒鸭从禁猎区飞到什么地方去过冬，这些绒鸭最终会不会返回禁猎区，回到自己的老窝。通过这种方式，我们还可以了解到这些神秘的鸟生活中的其他细节。

现在，我们已经知道了，绒鸭离开禁猎区以后，基本上是一直往北飞行。它们冬天会在北冰洋上的极夜地区度过。在那里有格陵兰海豹和白鲸。

在冬天，白海很快就会被厚厚的冰层所覆盖。绒鸭在这里是找不到食物的。这并不要紧，离白海很近的地方，有个奥涅斯湾，那里的艾蒿可以供绒鸭食用。还有水下的软体动物，比如海螺，也是绒鸭的食物。海螺一般在岩石和水藻附近。绒鸭的要求并不高，这些食物已经使它们很满足了。它们有天然的鸭绒大衣，寒气一点也进不来，世界上还有比这更暖和的吗？所以寒冷的天气和冰层覆盖下的黑暗，毫不影响绒鸭的正常生活。

那里的风景独一无二：神奇的北极光常常现身，月亮是那么巨大，星星是那么明亮！

形容词："巨大""明亮"将月亮、星星在极夜地区的形状和光亮程度形象地表现了出来。

北极的绒鸭吃得饱饱的，穿得暖暖的，生活惬意得很，漫长的北极冬夜岁月在不知不觉中流逝。太阳连续几个月也不会从海洋里露出头来，但那对绒鸭来说，一点也不重要。

· 写一写，练一练 ·

1. 造句。

沉醉——

梦魇——

2. 照样子，写词语。

光秃秃——（　　　　） 匆匆忙忙——（　　　　）

森林中的战争

收尾篇

我们《森林报》的记者，总算找到这样一个地方——在那里，林木种族间的战争已经结束了。

那个地方就是我们记者刚刚旅行时去过的一块砍伐地——云杉王国。

当然，目前我们已经了解了这场很惨烈的战争的结局了。

大量的云杉，都在与白桦、白杨的殊死拼杀中被消灭了。但意外的是，云杉种族最终获得了此次战争的胜利。

它们的敌人都很老了。云杉的寿命比起白桦和白杨的来说，算是长的了。已见衰亡迹象的白桦和白杨，现在已不能再像往常一样迅速地生长了，也就是说它们的生长速度已经不能和此时的云杉相提并论了。再看云杉的高度早已远远地超过了它们，更何况就在它们的头上已经张开了非常吓人的毛茸茸的大爪子，所以那些很喜好阳光的阔叶树已

比喻：将云杉树枝比喻成“大爪子”，形象地写出了云杉树旺盛的生命力。

经开始枯萎了。

云杉迅速地生长着，没有一刻停下来，只见它们下面的树荫是越来越浓，越来越宽大了。就连地下室里也愈来愈深，愈来愈黑暗了。战败者们都在那里无可奈何地等待着，等待着它们的就是令人害怕的苔癣、地衣、小蛀虫还有木蛀蛾，以及慢慢地死去。

成语："无可奈何"将战败者们的绝望情绪言简意赅地表达了出来，准确、精练。

一年年地过去了。

那片阴森森的老云杉林被人们砍光，屈指算来，大约已经过了一百年了。为了抢夺那片空地，战争又进行了一百年。如今，就在这个地方，又有一座阴沉沉的老云杉林出现了。

老云杉林里，既没有小鸟在唱歌，也没有快乐的小动物搬来住下来。不管哪种偶然生长起来的绿色小植物，也不论它刚开始生长得多么好，多么高兴，最终的结局都免不了凋谢枯萎，在短时间里就会丧命在这阴森森的王国里。

很快，冬天来了，每年的这个时候，林中的种族们都会暂停一下它们无休止的战争。树木都睡熟了，它们甚至比睡在洞里的狗熊们都睡得熟，睡得沉。看看它们的那副睡态，不知道的还以为它们死了呢。在睡眠中，它们身体里的液体也不再流动了，它们也不会再去吸收什么养分，也就是说不再生长了，它们此时能做的就是，懒懒地、慢慢地喘息着。

听听啊——啥也听不着。

看看哪——这里就是一个死尸遍地的战场。

我们的记者采访到一个消息：这里所有的云杉在今年的冬天就会消亡，因为按照计划，这里将被当作伐木场了。

再到明年的这个时候，这里又会变成一片新的荒漠——砍伐地。那些所谓的林中种族的战争又会重新上演了。

但是，目前来说，我们是不允许云杉再次在战争中取胜的。我们会对这场恐怖的没有休止的战争做一些干涉，我们会把一些刚刚长出的，之前从没有出现过的林木种族，转移到这块砍伐地上来。我们到时候会好好地、仔细地关注它们的生长状况，需要的时候，还会在这密封很好的帐篷上打开几扇窗户，以便让明亮的阳光照射进来。

这样的话，小鸟就会常常来这里给我们唱那欢乐的歌谣了。

和平树

最近，我校的同学们，号召莫斯科省拉明斯基区的低年级同学们，在植树周每人栽种一棵象征和平的树，把和平树培育大。小朋友们学习、成长，他们的和平树将在校园里和他们一起成长。

莫斯科省　茹科夫斯基市第四小学全体学生

·我的好词好句积累卡·

惨烈　凋谢　相提并论　无可奈何

老云杉林里，既没有小鸟在唱歌，也没有快乐的小动物搬来住下来。看看它们的那副睡态，不知道的还以为它们死了呢。

乡村日历

现在再看看我们的田野里，什么都没有了。人们刚刚收获了庄稼。估计现在他们都已经吃上了用新打下的粮食做的馅饼和面包了。

> 动词："铺满"准确、形象地写出了亚麻在沟壑和斜坡上生长旺盛的状态。

还有那亚麻，现在也已经一层层地铺满了田里的沟壑和斜坡。不论是风吹日晒还是雨淋，它们都已经经受住了。是该把它们都收起来了，然后，再把它们运到打谷场上揉揉，皮就能去掉了。

孩子们现在已经上了一个月的学了。如今他们是不用去地里干活的。人们把挖出的土豆，要么都运到了车站，要么就找干燥的沙丘挖个坑，把它们都储存在里面了。

再就是人们的菜园，现在也是什么都没有了。就连最后一批叶子卷得很紧的卷心菜，也都被人们从田里收完了。

秋天播种的庄稼现在都已经是绿油油的样子了。

田间的公鸡和母鸡，也就是我们知道的灰山鹑，这时也来到了秋麦田里，它们也不再是一家一家地来了，而是成群成群地来，每群能有一百多只呢！

不用等很长时间，打山鹑的时节就要过去了。

制伏沟壑

一些沟壑，出现在了我们的田里，并且它们变得越来越大，都已经扩散到集体农庄的田里来了。村民们都被这件事弄得焦头烂额的，就连我们小孩子都忍不住跟着大人们一起焦心起来。所以我们开了一次会，在会上，我们把怎样制伏沟壑作为会议的中心议题，制订好了和它们战斗的计划。

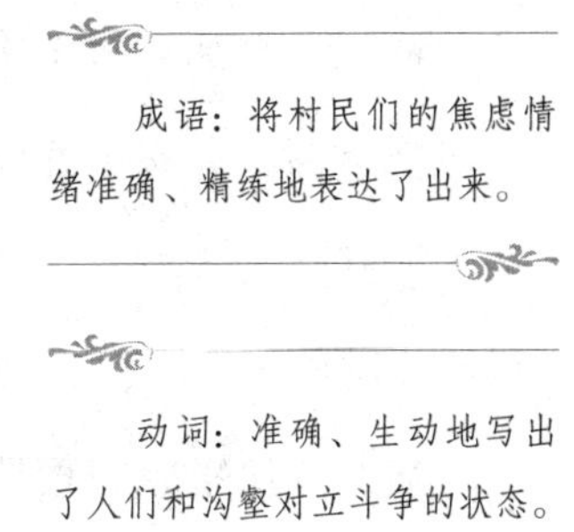

成语：将村民们的焦虑情绪准确、精练地表达了出来。
动词：准确、生动地写出了人们和沟壑对立斗争的状态。

我们都很明白，要想制伏沟壑，让它们不再蔓延，就必须得种上些树木把它们围起来。这样能让树根牢牢地定在土壤上，以免沟壑的边缘和斜坡会扩大。

当初开会是在春天，如今都已经是秋天了。我们现在已经专门弄好了一块苗圃，培育了很多树苗，包括上千棵的白杨树苗和很多很多的藤蔓灌木，还有许多的槐树。我们现在就在移栽这些树苗。

几年过去后，乔木和灌木就会覆盖住沟壑的斜坡。沟壑就会被我们永久地制伏了。

少先队大队委员会主席　柯里雅·阿加法诺夫

搜罗种子

到九月份的时候，会有很多的乔木哇，灌木哇，它们都会结出种子和果实。所以此时最重要的就是抓紧搜罗种子，并且搜罗来的种子越多越好。然后把它们种在苗圃里面，好用来绿化运河和新的池塘。

搜罗大量的乔木和灌木种子，是有讲究的，最好赶在它们完全成熟之前，要么就在它们刚要成熟的时候，用最短的时间搜罗完。尤其是尖叶槭树、橡树和西伯利亚落叶松的种子，搜罗的时候不能耽搁。

在九月份里就得搜罗种子的树木有：苹果树、野梨树、西伯利亚苹果树、红接骨木树、皂荚树、雪球花树、马栗树和欧洲板栗树、榛树、狭叶胡秃子树、沙棘树、丁香树、乌荆子树和野蔷薇。与此同时，还要搜罗克里木和高加索常见的山茱萸的种子。

我们的打算

目前，我们正在做的是一件利国利民的特大好事，那就是植树造林。

我们在春天也过“植树节”。这个时节已经转变成我们真正造林的时节了。集体农庄的池塘周围都被我们种上了树苗，免得池塘被炙热的太阳烤干；高高的河岸上也被我们种上了树苗，在那里它们能巩固陡峭的河岸；学校的体育场里也有了我们的树苗的影子。幸运的是，这些树苗都长得很好，在这个夏天里长高了很多呢！

如今，我们有这样一个打算。冬天的时候，我们这里所有田间道路都会被雪埋住。所以每年我们都必须砍伐整片的小云杉林，然后把它们做成标杆，以便给过往的人们指明道路的方向，避免行人在风雪里迷路，掉到雪堆里去。

动词：准确、形象地写出了大雪下得非常厚的情形。

我们要讨论的是为什么每年都砍去那么多的小云杉呢？这样做，倒不如干脆就在路边种上小云杉。这样的话不就一劳永逸了吗？让那些小云杉自由自在地生长，这样一来，我们就不怕道路再被雪埋住了！

成语：将在路边种植小云杉的好处言简意赅地表达了出来。

所以，我们就付诸行动了。我们先去森林边缘挖了很多小云杉，再用筐子把它们都运到路边来种植。

然后，我们会好好地给它们浇水，这样，所有的小树就会快乐地在新的地方成长起来。

森林通讯员　万尼亚·札米亚青

·我的读后感·

读了以上内容，我认识到了植树的重要性。植树不仅可以绿化环境，还可以制伏沟壑。我以后也要多参加这种植树活动，为我们的城市增添一抹绿色。

农庄里的新闻

挑选最好的母鸡

就是在昨天，人们在养禽场里挑选最好的母鸡。当时，他们先用一块平板把所有的母鸡都小心翼翼地驱赶到一个小角落里，接下来就挨只挨只地捉住，把它们递到了专家手里。

专家接住了一只母鸡，在那里看：它嘴巴长长的，身子细瘦，鸡冠小小的，鸡冠的颜色淡淡的，还有那两只蒙胧的眼睛，似乎在问着："你到底要干什么呀？"

形容词：将母鸡眼睛无神的样子形象地表现了出来。

于是专家又把这只鸡交了回去，说："这样的母鸡，我们不想要。"

然后，专家又接过了一只小母鸡。短嘴大眼睛，脑袋很宽，歪在一边的冠子的颜色倒很鲜艳，还有那两只散发着亮晶晶的光芒的眼睛，正滴溜溜地转着。小母鸡又挣扎又大叫，似乎在说："放手！快点放手！别再赶我，别再抓我，别再打扰我！你们不去找蚯蚓，还不让我去找吗？"

“嗯，这只很好！”专家说，“它会给我们生蛋的。”

原来，活泼、乐观、精力充沛的母鸡才会好好生蛋哪！

乔迁之喜

春天的时候，小鲤鱼的妈妈就会在很小的一个池塘里产下卵，卵能孵出 70 万条鱼苗。所以这个池塘里就不会再有别的鱼了，只住着拥有 70 万个兄弟姐妹的鲤鱼大家庭。但是不出一周半，它们就会觉得里面很拥挤了，因此，不得不搬到大点的池塘里去住。在那里，鱼苗会很快地长大，在秋天之前，我们就可以叫它们鲤鱼了。

如今，小鲤鱼们正打算去冬季的池塘里居住。因为过了这个冬天，它们就一岁了。

周　日

这天，小学生们帮着朝霞集体农庄收割肉质根类作物：掘甜菜、冬油菜、芜菁、胡萝卜和香芹菜。在这过程中，孩子们发现，个头最大的小学生瓦吉克·别特罗夫的头还不如芜菁大。但是，大个的饲料胡萝卜，更让他们感觉奇怪。

葛娜·拉里诺娃拿其中的一根胡萝卜和自己比了比，这根胡萝卜竟和她的膝盖一般高！这根胡萝卜确实是个巨大的家伙，它的上半截，竟有一个巴掌那么宽。

葛娜·拉里诺娃说：“在过去，人们大约就是拿它去打仗的，比如用它当手榴弹扔向敌人。就是在直接空手交战时，也能用它往敌人的脑袋上砸——咚咚！”

拟声词：准确地表达了大个胡萝卜砸在敌人脑袋上的声音。

瓦吉克·别特罗夫却说：“那个时候，怎么会有这么大的胡萝卜，他们种不出来呀！”

把小偷困在瓶子里

“把小偷困在瓶子里。”红十月集体农庄的养蜂员说。

黄蜂强盗们要来养蜂场偷蜂房里的蜂蜜了。不过，它们还没到蜂房，就已经闻到一股股的蜂蜜味了。此时的它们已经看到了摆在养蜂场上的那些装蜂蜜水的瓶子。

因此，它们打消了去蜂房偷蜂蜜的念头。因为它们感觉从这些瓶子里偷蜂蜜，会比较文雅些，并且会更安全。

于是，它们就先钻进去试了下，结果马上就中计了——被瓶子里的蜂蜜水给淹死了。

尼·巴甫洛娃

·写一写，练一练·

1. 给下列加点字注音。

鸡冠（　　）　掘甜菜（　　）

2. 造句。

蒙眬——

活泼——

林中狩猎

琴鸡上当了

秋天就要到来的时候，琴鸡开始凑成一群一群的。雄琴鸡浑身黑色，翅膀硬硬的，雌琴鸡则是带有斑点的浅棕黄色。

浆果树丛里来客人了，那是琴鸡群飞下来了，吵吵闹闹的。

顿时，地上都是鸟的身影，它们在四处找吃的。坚硬的红越橘被啄开了，草丛被刨开了。哎，细沙和碎石也是可以吃的吗？是的，它们可以促进鸟的消化，磨碎嗉囊里以及胃里比较硬的食物。

突然，从干枯的落叶堆上，传来“沙沙沙”的声音，脚步有点急，是谁来了？

> 拟声词：不仅将北极犬的脚步声准确地传达了出来，还将北极犬奔向猎物时的急迫心情表达了出来。

琴鸡警觉地抬起头来。

树木间飞快地跑来了一只北极犬，它的两只尖尖的耳朵竖立着，离琴鸡越来越近了！

琴鸡们四散奔逃，有的悻悻地飞上了树枝，有的躲藏到了草丛里面。

北极犬穿梭于浆果树丛间，吓得琴鸡们跑来跑去。

一会儿后，它的眼睛只盯着一只琴鸡，蹲在树底下，“汪汪”地一通乱叫。

琴鸡也不示弱，睁大了眼睛瞪着它。时间一长，琴鸡不耐烦了，开始在树枝上踱步，从这头踱到那头，又从那头踱回这头，中间也会时不时地回头瞧瞧北极犬。

动词：“踱”字准确、形象地表现出琴鸡走动的和缓。

讨厌死了！赖在这里干吗？你还不快走？瞧你那德性……该干吗干吗去！你走了，我也好下去继续享用可口的浆果……

“砰”，一声枪响，那只琴鸡突然掉落在地上。它没想到，就在它把全部注意力都放到北极犬身上的时候，蹑手蹑脚走过来的猎人，冷不丁地开枪打中了它。枪声过后，众多琴鸡全都慌里慌张地飞了起来，扑棱翅膀的声音响成一片。它们飞越树林的上空，只想远离猎人，远离这个地方。看着下面的小树和林中的空地，它们心有余悸，深恐那里藏有猎人。

成语：将琴鸡的恐惧心理准确、精练地表达了出来。

咦，看！3只琴鸡安然地蹲在白桦树上，树冠上已经没有叶子了。很明显，它们落在这里是没问题的，是安全的。呵呵，要是猎人藏在附近的话，那3只琴鸡还不早就飞跑了？

琴鸡群慢慢降低飞行高度，最后小心翼翼地落到树枝上。那3只琴鸡，一动也没动，还是蹲在那里，没有回头，可真够镇定的！新来的琴鸡，禁不住仔细打量起它们。没错呀，就是琴鸡！

你看它浑身乌黑，眉毛红红的，翅膀上也有白色斑点，尾巴上也有分叉，眼睛里闪着黑黑的亮光。

一切都是那么正常。

砰！砰！

发生什么事了？枪声是从哪里来的？两只新来的琴鸡怎么从树枝上掉下去了？

一股青烟从树顶飘起，转眼间，不见了。但是，原来的那 3 只琴鸡依然是老样子，蹲在那里，一动也不动。新来的那群琴鸡还蹲在那里，盯着它们看。树下面一个人影也没有，没必要离开这里。

新来的琴鸡转头看了半天，周围一片宁静，也就放心了。

砰！砰！……

一只雄琴鸡应声掉在地上，像一团泥摔下去一样，另外一只突然向空中高高地弹起，转眼间也摔落下来。还没等受伤的琴鸡掉落在地上，彻底受到惊吓的琴鸡群，一只不剩地全部飞得不见了踪影。树枝上剩下的，还是原来的那 3 只琴鸡，一动不动地蹲在那里，老老实实地固定在原处。

动词："掉""弹起""摔落"细致、准确地表现了琴鸡中弹以后落地的详细过程。

一个手里拿枪的猎人，从树下面一间很隐蔽的帐篷里走出来。他收拾了一下猎物，把枪靠在树上，往白桦树顶爬去了。

哈哈，那 3 只一动不动的琴鸡，原来是用黑绒布制作的。它们的眼睛当然不是在眺望天空，更不会动，因为那只是黑玻璃球。要说真家伙，那就是琴鸡嘴了。呵呵，还有那带分叉的尾巴，可是用真正的琴鸡羽毛制作的呢！

这3只假琴鸡，被分别放在了两棵树上。猎人爬下这棵树又爬上另一棵，把它们全部取下来了。

在远方，在一片森林上空飞过的，就是刚才受到惊吓的那群琴鸡。它们现在成了真正的惊弓之鸟，害怕每一棵树木，害怕每一丛灌木。它们不知道什么时候哪里又会有新的危险，不知道怎样才能彻底躲开猎人们的枪口，不知道猎人们还有哪些捕鸟的新法子。

大雁的好奇心

每个猎人都知道，大雁的好奇心很强。当然，猎人们也知道，大雁的警惕性和谨慎劲比其他鸟要强得多。

有一群大雁，聚集在离河岸1千米的浅沙滩上。那是个安全的地方，它们可以在那里安安稳稳地睡大觉。因为那个位置，人走路过不去，爬行也过不去，坐车也过不去。这样，大雁睡觉时可以放心地缩起一只脚爪子，把头藏在翅膀下面。

拟人：把没睡觉的大雁比拟成“哨兵”，很形象、很有趣。

在雁群的每一面，分别站着一只老雁，它们就是所谓的哨兵！这是大雁们能够安心睡觉的另一道屏障。这些哨兵，精神抖擞，警觉地向四面张望，一点也不会打瞌睡。

一只小狗出现在岸边。它要做什么呀？负责警戒的老雁，立刻警觉起来，伸长了脖子向岸边张望。

奇怪的是，小狗一点也不往大雁这边瞅，只是在岸上跑来跑去，很像是在沙滩上捡什么东西。跑到这边，又跑到那边，来回反复着。

没有发现值得怀疑的地方，就是觉得这只小狗有点古怪，一会儿前，一会儿后，它在折腾什么呢？不行，要靠近点，才能看清楚……

一只老雁哨兵，为了弄清岸上小狗到底在干啥，毅然决定去一探究竟。只见它摇摇晃晃地跳到水里，游向岸边。几只大雁被轻微的波浪声吵醒了，睁开了睡眼，它们也注意到了岸边的小狗，向岸边游去了。

越来越靠近了，它们可以清楚地看到，小狗跑来跑去，是在捡沙滩上的面包团。面包团是从一块大石头后面飞出来的。这些面包团，一会儿飞向这边，一会儿又飞向那边。

面包团到底是怎么飞出来的呢？

几只雁陆续走上了沙滩，它们伸着脖子，想看个究竟……就在这时，一个猎人突然从石头后面跳了出来，连打几枪，“砰！砰！……”几颗好奇的脑袋被打中了，紧跟着身体倒下了。

动词：准确、形象地写出了大雁好奇的样子。

六条腿的马

田野里，雁们在吃东西。它们在惬意地享受着美味。哨兵们站在四周。任何人都不会被允许靠近它们，即使是一条狗，也是不被允许的。

几匹马在远处的田地里吃草。雁是不怕它们的。作为一种食草动物，马性情温和，这是个常识。它们怎么会来骚扰雁呢?

有一匹马，在朝这边走，不过，它是在吃地上残余的麦穗。这无需恐慌，即使它是冲着这边而来，那也不要紧。如果它靠得太近了，雁群飞走就是了。只是，这匹马有点奇怪：它有六条腿，像是个怪物……其中四条是普通的马腿，剩余的两条却穿着裤子。

负责站岗的雁，“咯咯咯”地叫唤起来，它是在示警。雁们都抬起了头。

马还在继续缓缓地走近。

哨兵扇动翅膀，飞过来观察。

它惊讶地发现：在马的后面，躲着一个人，手里还拿着一把枪!

“咯咯咯！快跑哇！快跑哇！”哨兵发出了信号，催促大家赶快逃跑。

雁群一下子集体扇起了翅膀，及时地飞离了地面，脱离了险境。

马后面的猎人，跑出来对着雁群打了几枪。遗憾的是，距离太远了，子弹都打空了。

雁群获救了。

喇叭声声

每天晚上的这个时候，驼鹿战斗的号角声都会从森林里传出来。

“谁有本事，就出来和我较量较量吧！”

从一个长满青苔的洞穴里，走出来一只老驼鹿。它有着宽阔的带着13个分叉的犄角，身长大约2米，体重达400千克。

是谁这么大胆，敢向这位林中的无敌大力士挑战？

赶着过去应战的老驼鹿，显得气势汹汹。它那又笨又重的蹄子，在湿漉漉的青苔上留下了深深的脚印，挡路的小树都被它踩断了。

成语：将老驼鹿的自大心态和强悍体魄言简意赅地表现了出来。

战斗的号角声，又一次从对手那里传过来。

可怕的怒吼声，是老驼鹿对它的回应。琴鸡听到了这吼声，吓得从白桦树上惊慌失措地逃走了；胆小的兔子听到了这吼声，吓得从地上一跳老高，拼命冲到密林深处去了。

“看谁还敢……”

老驼鹿怒目圆睁，眼睛里布满血丝，也没分辨道路，就循着声音传出的方向冲了过去。前面是一片空地，树木之间的间隔很大。弄了半天，原来就是在这里呀！

它飞一般从树后向前冲过去，打算用犄角一下就把敌人撞死，或者用笨重的身体压死敌人，用锋利的蹄子踩烂敌人。

当老驼鹿看清树后那个人手里拿着枪的时候，枪声已经响了。

它还注意到，有个大喇叭别在那个猎人的腰间。

老驼鹿抬脚就朝着森林深处逃去，摇摇晃晃，十分虚弱，伤口还在不停地流血。

·我的好词好句积累卡·

悻悻　屏障　毅然　心有余悸　惊弓之鸟

时间一长，琴鸡不耐烦了，开始在树枝上踱步，从这头踱到那头，又从那头踱回这头，中间也会时不时地回头瞧瞧北极犬。

田野里，雁们在吃东西。它们在惬意地享受着美味。哨兵们站在四周。

该猎兔了

猎人们开始出动了

依照常理，10月15日就能猎兔了，报纸上已经登出来了。

还是像八月初那样，打猎的人很多，把车站都给挤满了，没有一丝的空隙。他们用皮带牵着猎犬，其中有人牵了两只，还有的牵的更多。但是，如今的这些狗可不是夏天时牵的长毛猎犬了。这些狗很大，并且都很健康，长着很长很直的腿，它们的全身都长着各种颜色的粗毛：有黑的，有灰的，有褐色的，有黄色的，有火红色的；有的有黑斑纹，有的有火红斑纹，有的有褐斑纹，有的有黄斑纹，还有火红色上面带着一大片马鞍似的黑毛。

动词：准确、形象地表现出车站的人非常多的情形。

原来它们是些特种的或雌或雄的猎狗，依据野兽留下的迹象追寻野兽是它们的主要任务。猎狗先把野兽引出洞来，边追边“汪汪”地叫着。如此，猎人们就可以据此了解到野兽是如何走，如何兜圈子的，之后他们便在野兽们必然经过的地方等待着，时机成熟了就对野兽迎面射击。

要想在城市里养这样粗野的大猎狗，是有些难度的。所以有许多人是根本无狗可带的。像我们这些人，就是这种情况。

我们现在正打算出发去塞索伊奇那里打兔子。

我们一行有12个人，占了车厢的3个小间。几乎所有的旅客都对我们其中的一个同伴感到惊奇，他们笑着轻轻地讨论着。

当然我们的这个伙伴，实在他是有些看头，首先他是个大号的“巨人”，其次很肥胖，几乎连门都差点没进来，体重有150千克。

夸张：将这个人的肥胖程度形象地表现出来。

说起他来，其实他不是专门去打猎的。他需要经常外出散步，医生是这样叮嘱他的。他却是个好枪手，论打靶，我们谁都比不过他。他想着散步也得有趣些，便试着和我们一起去打猎。

围　猎

天色已晚，塞索伊奇在一个森林区的小车站里等待着我们。我们接下来要去他的家里借宿，等天亮后就出发去打猎。塞索伊奇叫来了12个村民，以便让他们在围猎的时候帮忙大喊。

我们在森林边缘停了下来，不再往前走了。我在一片纸上写了几个号，然后把它卷起来，放到我的帽子里，让我们每个人依次抽签，谁抽到几号，就站到相应的位置上。

帮着大喊的人现在已经去了森林的外边了。林间的小路还比较宽阔，塞索伊奇依照我们的号码，给我们指定了藏身的地方。

我的是 6 号，胖子的是 7 号。我们在弄明白了自己藏身的地方后，开始认真地听塞索伊奇讲围猎的规则：不能沿狙击线打枪，不然可能会打到身旁的人；等到大喊的声音逼近时，应该停止打枪；不能捕猎那些严禁猎杀的野兽；要等待信号。

此时的大胖子距离我应该有 60 步远。猎兔并不像是猎熊。猎熊的时候，枪手之间的距离可以有 150 步远。塞索伊奇正在狙击线上批评大胖子，样子看起来十分吓人，我听到他是这样教训大胖子的：

“您说您为什么要往灌木丛里钻呢？这样的话，打枪是很不应手的呀，赶快过来和灌木并排站着，对，就是这里了。再说兔子是往下面看的。看看您的腿，现在，请谅解我如此说，似乎就是两块大木头。如果您要把腿叉开的话，兔子一定会把您的腿当作树墩的。”

塞索伊奇把全部的猎手都安置妥当后，便跨上马，去森林的外面安排其他人了。

围猎是要等很长时间的。我很细致地看着四周。

就在我的面前，估计有 40 步远吧，耸立着一些光秃秃的赤杨和白杨，白桦树上的叶子也已掉了一半了，在它们的中间还掺杂着一部分黑黝黝、毛蓬蓬的云杉。再有一会儿，就该有兔子、琴鸡，从这片森林里穿过这些由笔直的树干混合而成的树林，朝着我们跑过来。倘若幸运的话，或许会有那种带翅膀的

形容词：形象地表现出赤杨和白杨树叶落尽的情形。

林中大汉——大松鸡光临呢。难道这样我也还是打不到吗?

这个时候，时间似乎过得很慢，慢得就像是蜗牛爬行一样，真不知道大胖子的感受哇!

忽然，两声既长又响的号角声，从安静的森林外面传了过来:这是塞索伊奇在命令帮忙大喊的人们往前走——也就是要朝我们这边推进的信号。

比喻:将双筒枪比喻成“小手杖”，形象地写出了大胖子举枪瞄准的情景。

这个时候，只见大胖子把他那对火腿胳膊抬了起来，同时也举起了双筒枪——那个样子就像是在举着一根小手杖一样，瞄着前面，不再动了。

他是真奇怪呀!这么早就准备好了，胳膊累不累呀?

大喊的声音依然没有传过来。

但是，枪声却已经响了起来——正是沿着狙击线，先是右边响了一声，然后是左边响了两声。其他人都在开枪了，但是我还什么都没做呢!

再看大胖子正用双筒枪“砰砰”地发射着，他是在打琴鸡，但是那琴鸡早就飞得高高的了——所以没能打着。

如今，大喊的声音已经远远地传了过来，还有木棍敲打树干的声音也模模糊糊地传来了。两翼也传过来了“叮叮当当”的敲锣声。但是，奇怪的是并没有啥东西飞到我这里来，也没有啥东西跑到我这里来。

哦，终于来了!是一个白里透着灰的小东西，它藏在树干后面若隐若现，嗯，看明白了，原来是只还没褪完毛的白兔。

哎，这一定是我的了，看起来，呀，小家伙却掉转方向了，朝大胖子的方向，急速地跑了过去……哎，大胖子，你行动咋就那么慢呢？赶快打呀！打呀！

砰砰！枪是响了，但没能打中……

结果小白兔慌慌张张地朝着他蹿了过去。

砰砰！又是枪响的声音。

有一团白色的东西从兔子的身上飞了起来。可把兔子吓坏了，慌乱之中，它从那树墩似的两条腿中间跑了。这时候的大胖子才赶忙去夹他那两条粗腿……

难道有人用腿抓兔子吗？

兔子早已跑掉了，大胖子那庞大的身体却轰然倒在了地上。

我笑得身体有些不支，前仰后合的，就连眼泪都要出来了。可就在我泪眼蒙眬的时候，有两只兔子，一起从森林里跑到了我的跟前，可是，此时的我是不能开枪的，因为那兔子跑的是狙击线。

成语：准确、精练地表现出“我”哈哈大笑的样子。

大胖子缓缓地支起了他的膝盖，跪着站起来。他手里正抓着一大团白毛，他递给我看了看。

动词：“支起”“跪着站起来”准确、形象地表现出大胖子站起来时动作的艰难。

“没摔伤吧，你？”我朝他喊道。

“没什么，尾巴尖好歹被我给打下了，兔子的尾巴真是尖的呢！”

这可真是个名副其实的怪人哪!

打枪的声音终于停止了。大喊的人们也都从森林里出来，聚在了一起，待在大胖子的身边。

“叔叔，你是神父吗?”

“我看着一定是的，不信看他的肚子!”

“真是不相信哪，竟会这样胖!估计是在肚子里塞满了打着的野兽吧——所以才会那么胖的。”

真是可怜哪，若是在城里，在我们那打靶场上，是不会有人相信会有这样的事的!

此时，塞索伊奇又在催着再次围猎了——田野围猎。于是我们所有的人都嚷嚷着，沿着林中路开始往回走。就在我们的后面，有一辆满载着猎物的大车，大胖子也在车上，他看起来非常劳累，不停地喘着，有些上气不接下气。

猎人们并不同情他这个可怜虫，在路上不停地开着他的玩笑。

就在这时，在路拐弯后面，有一只大黑鸟突然飞了起来，越飞越高，都已经飞到森林的上空去了。它看起来很大，足足有两只琴鸡那么大。它就沿着道路飞着，恰好从我们的头顶飞过。

再看看大家，几乎所有的人都赶忙抬起了枪，开始不停地扫射，人人都想把这只稀有的猎物快快地打下来。

大黑鸟依然飞着，已经飞到了大车的上空了，大家更着急了。

大胖子也不甘示弱地举起了手中的

成语：言简意赅地表达出大胖子不服输的心理。

枪，仍然是那对火腿胳膊，牢牢地举着那只小手杖。

他开枪了！

这时候，大家都看见了：那只大黑鸟就像只假鸟一样，在空中停了一下，忽然就不飞了，似乎就是块短木头，从高高的空中落到了地面。

比喻：将中弹后的大黑鸟比喻成“短木头”，形象地表现出大黑鸟中弹后立即死亡的样子。

“真是好枪法呀！”其中一个人说，“简直就是个神枪手哇！”

我们这些真正的猎手，都感到非常羞涩，没有人说一句话：每个人都开枪了，射击了，每个人也都看见了……

大胖子这时候拿起了这只雄松鸡，它竟然还长着胡子呢，嘿！比兔子还重呢！假如他乐意，我们所有人都想用今天所得到的一切东西去换他这只松鸡。

现在不再有人讥笑大胖子了，甚至都没人记得他曾经用腿抓过兔子。

本报特约通讯员

·我的读后感·

围猎是要等很长时间的，整个行动是需要有计划、有战略的。我们也应该像猎人围猎一样，学习中有一个清晰的计划、目标，将来才会有收获。

来自四面八方的无线电通报

注意了！注意了

这里就是列宁格勒广播电台《森林报》编辑部。

9 月 22 日，也就是今天，秋分日，我们要继续我们的无线电通报。

呼叫苔原和原始森林、沙漠和高山、草原和海洋，现在都请注意了！

请你们赶紧说说，如今在这秋天，你们那里都有什么情况？

请收听！请收听！
这里是雅马尔半岛苔原

这里已经进入了冬季。大鸟的叫喊声和悬崖上小鸟的啾啾声再也听不见了，可是，就是在夏天的时候，这里还曾出现过一个热闹无比的鸟集市。如今，大雁、野鸭、鸥鸟、乌鸦等这些可爱的鸟，都飞走了，离我们远去了。四处都是静悄悄的，只有在雄鹿打架的时候，会传来恐怖的骨头撞骨头的声音。

早晨，早在八月份的时候就开始变冷了。现在冰封住了所有地方的水。在坚固的冰原上，笨重的破冰船正在奋力破冰，以便为没有来得及离开的轮船开辟出一条航路。而那些捕鱼的机动船和帆船，早就离开了。

动词：准确、形象地写出了苔原的寒冷程度。

夜晚一天比一天长了，既黑暗又寒冷，而白天一天比一天短了。空中飞舞着雪花。

我们这里是乌拉尔原始森林

我们这里都在忙于迎接客人呢，送走一批又来了一批，送走了一批又来了一批。接下来我们要迎接的是鸣禽，还有野鸭和雁子，它们应该是来自北方苔原的。我们这里只是它们要经过的地方，所以它们不会有长时间的停留：或许今天你还能看到它们在休息、吃食物，但是明天再看的话，它们就已经离开了——就是在夜里，它们很有秩序地离开了。我们正在欢送着在这里度过夏天的鸟。就连候鸟，大部分也都踏上了征程，去追寻那已经逝去了的阳光，到温度适宜的地方过冬了。

白桦、白杨和花楸树上的叶子发黄了，变红了，随风飘落。落叶松的针叶变成了金黄色，到了晚上，会有好多雄松鸡飞来，在已变得柔软而粗糙的针叶上玩耍。金黄色的树枝上的雄松鸡长着胡子，浑身乌黑，拖着蠢笨的身躯，在金黄色针叶间大吃大喝。云杉茂密的叶子黑黢黢的，一群榛鸡在里面穿行，

形容词：细致地写出了变黄的落叶松针叶的特点。

尖声叫着。那些从北方飞来的客人，红胸脯的雄灰雀和淡灰色的雌灰雀、深红色的松雀、红脑袋的朱顶雀、角百灵，早已把这里当成了乐土，不愿再继续往南飞了。

空旷的田野里，一阵微风缓缓地吹过，毫无阻挡，只有一些凌乱、细长的蜘蛛丝挂在发黄的小草上，在晴朗的日子里，在阳光下摇曳，不时地随风飞舞。只有那些三色堇，不愿浪费光阴，尽量赶在冬天来临之前，努力地生长。在桃叶卫矛的树丛上，已经挂满了许多小果实，像中国的小灯笼一样，鲜红漂亮。

我们也准备过冬了。土豆就要挖完了，菜园里就剩下空心菜了。大家都在收割呢！要把它满满地装在地窖里。我们还在原始森林里采集了许多杉松的坚果。

小野兽们也不甘落后，忙忙碌碌地准备过冬。金花鼠，这种细尾巴、背上长着五道刺眼的黑条纹的小地鼠，弄了许多杉松的坚果，然后藏到洞里，还在菜园里偷了很多葵花籽，装了满满的一仓库。棕红色的松鼠，也采了许多蘑菇，放在树枝上晒干。森林里的长尾鼠、短尾野鼠和水老鼠，都在寻找各种各样的谷粒，往自己的仓库里运着。它们都在换冬装，穿上了淡蓝色的“小皮袄”。森林里的星鸦—— 一种长着斑点的乌鸦，一趟趟地衔着榛子，藏到树根底下，预备在饥饿的时候吃。

比喻：将小野兽身上冬天的皮毛比喻成“小皮袄”，形象地表现出小野兽冬季皮毛非常暖和的特点。

熊找到了睡觉的地方，它用爪子撕扯着云杉树的树皮，用它来做褥子，好暖暖地睡一觉。

大家都在忙活着，准备过冬了。

看看我们的沙漠

这个季节，我们这里的生活多姿多彩，就像春天一样丰富，像过节一样热闹。

一直滴滴答答下个不停的雨水赶走了难以忍受的酷热。空气透彻了，能清清楚楚地辨别出远处景物的轮廓；空气清新了，小草又焕发了生机，重新披上了绿装。以前藏起来躲避夏天太阳的动物，现在全都出来透气了。

看看甲虫、蚂蚁和蜘蛛，他们已经从地下钻了出来。小金花鼠也从深洞里探出头，还没忘侦察一下环境，然后活动活动它的细爪，拖着长长的尾巴，钻了出来，像小袋鼠似的跳跳蹦蹦。可是蛇也从夏日梦里醒了过来，猫头鹰、草原狐（鞑靼狐）、沙漠猫也出来了，正在捕捉这些小老鼠呢！真不知道它们是从哪里冒出来的。快腿的羚羊——体态轻盈的黑尾羚羊、弯鼻羚羊，在沙漠里来回奔跑着，它们或许正在比赛呢！鸟也飞来了。

场面描写：通过对多种动物的描写，表现出秋季沙漠里的勃勃生机。

这里到处都是绿颜色，到处都是生命的气息，简直和春天一样，沙漠已经不再是荒凉的了。

我们沿着沙地前行。

这里将要铺上几千公顷的防护林，用来阻挡来自沙漠的热风，保护田野免遭侵袭，并且以后我们将一直持续下去，直到征服沙漠。

这里是高山，是世界的屋脊

人们所说的世界的屋脊，就是我们这里的帕米尔山。它是那么高，有的山峰已经伸到云层里去了，高度超过了7千米。

对比：把山上和山下的景象做对比，准确、精练地写出了山上的寒冷和山下的炎热。

夏天和冬天，在我们的国家可以同时存在。山上是冬天，白雪皑皑；山下却是夏天，绿树成荫。

现在，秋天来到了。直入白云的山峰上的冬天，正一步步向山下走来，逼迫着生灵们也走下山来。

最先下山的，是野山羊。它们从寒冷的悬崖峭壁上走下来，夏天时那里曾是它们的家。现在冰雪覆盖了那里所有的植物，冻死了植物。野山羊在那里已经找不到可以吃的东西了。

高山上的绵羊，也开始离开它们曾经的牧场，走下山来。

拟人：准确、形象地刻画出土拨鼠主动躲避寒冷的情形。

夏天的时候，在高山草场上，可以看到很多肥大的土拨鼠。如今也不见它们踪影了。它们已经撤退到地下去了。它们首先吃得胖胖的，之后，躲进自己挖的地洞里去。那些暖和的地洞，别人是不容易发现的，因为它们已用草做的硬塞子堵住入口了。

胡桃树、阿月浑子树和野杏树组成的丛林，那是野猪过日子的地方。

红尾鸲、烟灰色的高山黄鹀、角百灵、高山鸫鸟（神秘的蓝鸟）等，现在也来到了深深的峡谷谷底。而在夏天，你在这里是找不到它们的踪迹的。

这么多鸟一群群飞到这里，为什么呢？因为这里现在温暖，有充足的食物。

伴随一场场的秋雨，冬天的脚步离我们越来越近了。我们这座山，常常是山上下雪，山下下雨——那是秋雨。

田地里的棉花该收了，果园里的葡萄该摘了，山坡上的胡桃也该摘了。

山顶上的道路，已无法通行了，因为它早已被积雪覆盖了。

看看乌克兰草原

风卷草像顽皮的孩子一样，抱成一团团，顺着风势，沿着被太阳晒焦的平坦草原奔跑、跳跃。它们长着圆圆的身子，干干的茎，茎端向周围翘着，被风吹着，很容易抱成一团。这样乱跳的小球，会朝你飞过来，把你包围住，往你的脚上砸，可是你却不会感到一丝的疼痛，因为它们是那么轻。它们还在顽皮地撒欢，飞过了土墩和石头，飞到小山包的后面去了。

比喻：将风卷草比喻成“顽皮的孩子”，生动形象地写出了风卷草的调皮可爱。

这就是一丛丛成熟的风卷草，乘着风，顺势从地里拔出脚来，撒开腿，就像滚轮子一样，在草原上尽情地跑哇跑哇，正好把满身的种子撒播在了整个大草原上。

夏秋的热风不多久就要撤出草原了。耸立的森林带在保护着农田，让庄稼不受旱灾糟蹋，从而挽救了人们的收成。从伏尔加河—顿河列宁通航运河上，一条灌溉渠已经打通了。

这个时节来打猎，你会满载而归。在草原湖的芦苇中，沼泽地里的野禽和水禽在狂欢着，像一大片乌云一样；在峡谷里和没有割过草的地方，肥胖的小鹌鹑们正在热闹地聚会；数不清的兔子在草原上繁衍着，全都是带着棕红色斑点的大灰兔，我们这里没有白兔；还有很多的狐狸和狼。你就尽情地打猎吧，想用枪就用枪，想用狗就用狗，怎么着都好。

水果丰收了，堆满了城里的市场。西瓜、香瓜、苹果、梨、李子……应有尽有。

这里是大洋

沿着北冰洋的冰原前进，我们穿过美洲和亚洲之间的海峡，进入到太平洋，或者最好还是说驶入了大洋。在这里，也就是白令海峡，然后是鄂霍次克海，我们开始越来越频繁地和鲸鱼相遇。

形容词："比较惊人""那么重"和"那么大"细致、生动地表现出鲸鱼身体庞大、力大无比的特点。

鲸鱼是这个世界上比较惊人的野兽！它们的个头是那么大，身体是那么重，力气是那么大！

我们在一艘捕鲸鱼的大轮船的甲板上，看到过一条露脊鲸，也可能是鲱鲸。那条鲸鱼有 21 米长，至少是 6 头大象首尾相连的长度！一艘木船可以轻松地被它吞进嘴里，包括划船的人和船桨一起，都没有问题。我们是第一次见到这么庞大的动物。

两个成年人的体重之和，才相当于它的一颗心脏的重量。要知道，那可是 148 千克。它的总重量达到了 55 吨！

打个比方，如果用天平称重这条鲸鱼，把这条鲸鱼放到一个秤盘里，那么，就需要大概 1000 个人站到另一个秤盘里。和蓝鲸相比，这条鲸鱼还算是小的。有一种蓝鲸，长度可达 33 米，有 100 多吨重。

它们的力气更是大得惊人：在被带绳索的标叉叉住的情况下，它们可以拖着船不停地跑一天一夜；更危险的是它们往海里下潜，会拽着轮船进入海里。

在白令海峡附近可以看到海狗出没的影子；而大海獭，一般可以在铜岛附近发现。它们能为我们提供珍贵的毛皮。这两者的数量这些年来在快速增长，这得益于政府的严令保护。但在以前，日本和沙皇俄国的强盗们差不多把它们杀光了。

这些野兽在我们眼中都变得很小很小，因为我们刚刚看到了庞大的鲸鱼。现在正是秋天，鲸鱼离开了我们跑到热带的温水区去了。在那里，它们将会生儿育女。明年春天，鲸妈妈就会带着它们的孩子们，回到这里，回到北冰洋和太平洋的海水里。不要小看这些还没断奶的小鲸鱼，它们比两头牛还要大呢！

拟人：将鲸鱼比拟成“人”，和人一样生儿育女，很生动、很有趣。

我们是不会猎捕小鲸鱼的。

我们的全国各地的无线电报道，就在这里和您说拜拜了。

我们的下一次报道，也是最后一次报道，会在12月12日进行。

·写一写，练一练·

1. 照样子，写词语。

忙忙碌碌——（　　）　　白雪皑皑——（　　）

2. 写出下列词语的近义词。

轻盈——（　　）　　包围——（　　）

打 靶 场

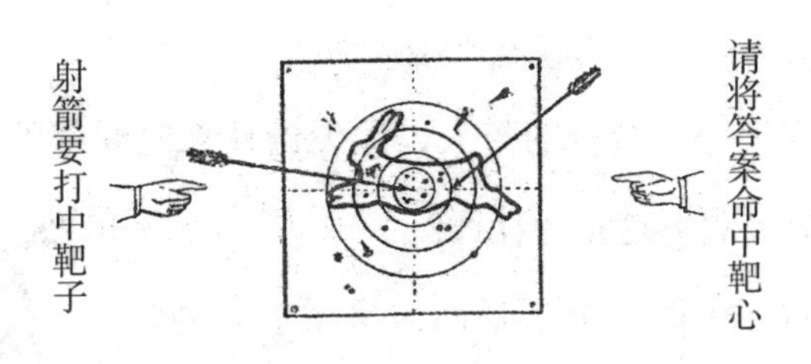

第七期竞答题

1. 确切地说，从哪一天开始正式进入秋天（按照日历）？

2. 秋天落叶纷纷的时候，什么野生哺乳动物还会生产宝宝？

3. 在秋天，哪些树木的叶子会变成红颜色的？

4. 秋天里，所有的候鸟都会离开我们往南方飞，对不对？

5. 雄驼鹿为什么被人们称作“犁角兽”？

6. 农庄庄员们把干草垛圈起来，是为了防备哪些野兽？

7. 在春天咕哩咕噜叫“我要买个大褂，我要卖个皮袄”，而在秋天却反过来叫“我要卖个大褂，我要买个皮袄”，这样鸣叫的鸟叫什么名字？

8. 右图中画的是两种不同鸟在淤泥地上的脚印。一种鸟生活在地上，另一种生活在树上。请根据脚印来判断，它们分别是什么鸟，哪种鸟住在地上，哪种鸟住在树上？并做出解释。

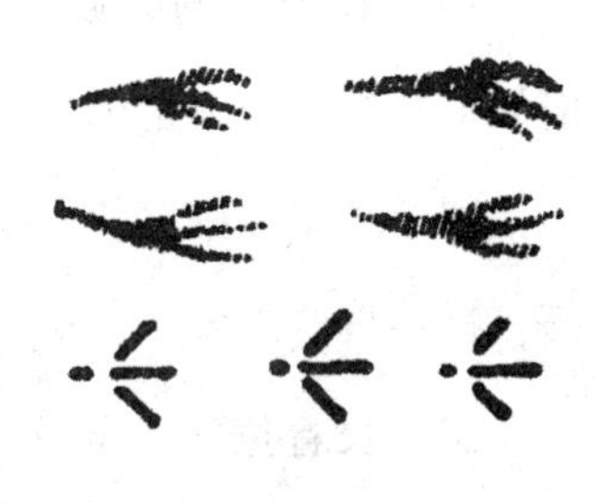

9. 如果有乌鸦在一片森林的上空不停盘旋、大声鸣叫，这意味着发生了什么情况？

10. 怎样对着鸟开枪比较可靠？是当鸟冲过来的时候，还是当鸟逃走的时候？

11. 作为一个合格的猎人，他无论什么时候都不会开枪射击雌松鸡和雌琴鸡。这是为什么？

12. 右图中画的前爪骨骼，是属于哪种野兽的？

13. 在秋天里，蝴蝶都会躲藏到哪里去？

14. 在太阳落山以后，猎人应该把脸朝向什么方向，才能更好地去侦察野鸭？

15. 一般来说，在什么情况下，人们会对鸟骂道“飞到别处找死去吧”？

16. 抛到田地里，今年这样放进去，次年那样长出来。（谜语，打一类作物）

17. 小马走路去海外，雪白的肚子黑貂背。（谜语，打一种动物）

18. 它坐着的时候，是绿色的；它飞着的时候，是黄色的；但如果它落下，就是黑色的了。（谜语，打一自然物品）

19. 身子又细又长，往下面直坠，落到地里，就此不起。（谜语，打一自然现象）

20. 长着獠牙，全身灰皮，专门去田野里瞎转悠，找寻小牛和小孩子。（谜语，打一种动物）

21. 小偷身穿灰衣裳，田里地里找食物。（谜语，打一种鸟）

22. 针叶林中老家伙，棕色的大檐帽头上戴，开阔的地方站出来。（谜语，打一种植物）

23. 长着皮的时候，没有一点用处；从皮里爬出来的时候，人们都抢着要。（谜语，打一种植物）

24. 自己不要，也不许野鸭偷。（谜语，打一种物品）

公　告
“锐眼”称号竞赛六

快来喂养流浪的小兔子

现在，小兔子的腿还很短，在森林和田野里跑得很慢。你用手就可以捉到它们。它们需要喝牛奶，它们也很喜欢新鲜的洋白菜的叶子，以及刚刚采摘来的蔬菜。

提前通知

比喻：把兔子比作“鼓乐手”，表现了小兔子的活泼可爱。

被你喂养着的长耳朵的这些小家伙，是绝对不会让你感到无聊的。因为所有的兔子，都是有名的鼓乐手。在白天的时候，小兔子会安安静静地待在自己的箱子里；而到了晚上，它们就会用爪子像敲鼓似的捶打起箱壁来……呵呵，你马上就会醒来！要知道，兔子可都是在晚上更有精神的呀！

来，让我们建造小棚子

请建一个小棚子吧！无论是在湖岸上，还是在河岸上或者海岸上，都是可以的。早上或者晚上，你可以去小棚子里坐一会儿。当候鸟大迁徙的时候，你躲到小棚子里，是可以看见许多有意思的事情的：野鸭从水里爬出来，蹲在离你很近很近的岸边，你可以仔仔细细地观察它们，甚至它们身上的每一根羽毛，你都能够看得清清楚楚；滨鹬在水面上绕着圈子飞行；潜鸟潜着水，在附近游来游去；鹭鸶飞了过来，就落在小棚子旁边。我们这里有些鸟，你在夏天的时候是看不到的，可是现在，你却可以躲在棚子里尽情地欣赏它们。

动词：生动准确地写出了潜鸟那悠然自得的样子。

捕鸟的人们，请到果园来吧！请到森林来吧！

现在的这个季节正是捕捉鸣禽的时候哇！快把做好的捕鸟器挂到树上去吧！清洁一下场地，快快把捕鸟夹和网都安放好吧！

是谁来过这里？

如图 1，在这个农村的池塘，家鸭并没有来过。在人们夜里睡觉的时候，野鸭是不是来过这个地方？

图 1

如图 2，树林里有两棵白杨树，都被啃了，但被啃的程度有区别。你知道是谁啃的吗？到底是谁来过这里？

如图 3，在林中道路上的水洼边，曾有动物来散步。这些小十字、小点子是它留下的。它到底是谁?

如图 4，这里有一只刺猬被某种动物吃掉了，是从腹部开始吃的，最后只剩下一张皮，别的部分全被吃光了。你知道这到底是谁干的吗?

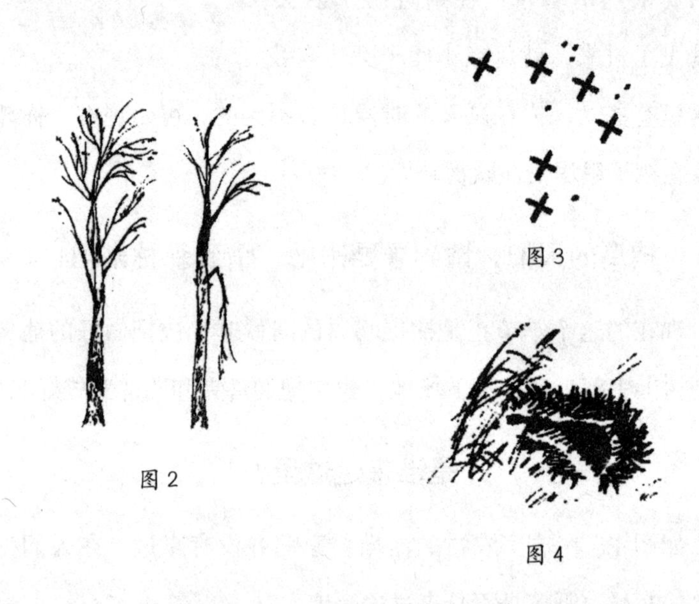

图 2

图 3

图 4

森　　林　　报

冬粮储备月（秋天第二月）　　从 10 月 21 日到 11 月 20 日

一年12个月的欢乐诗篇——十月

十月，落叶、泥泞、冬伏开始了。

动词:“扯”字赋予了秋风以人的动作，突出了秋风的力度，使文章更加形象生动。

森林里最后几片枯树叶也被秋风扯下来了。一只乌鸦孤孤单单、浑身湿漉漉地蹲在篱笆上面，在这持续多天的阴雨天中，显得那么落寞。是的，它很快也要踏上征途了，这一点我们很清楚。有些灰乌鸦，已经悄无声息地往南方飞去了，它们在我们这里度过了整个夏天；而另一些灰乌鸦，则悄悄地飞来我们这边，它们是生在更北边的。弄了半天，灰乌鸦也属于候鸟。在遥远的北方，灰乌鸦是最后才飞离的鸟，它们就像我们这里的秃鼻乌鸦一样。

形容词：准确地写出了薄冰的特征。

给森林脱去夏装，只是秋完成的第一件事。现在，把水弄得越来越冷，是它着手开始做的第二件事情。在森林里的每个早晨，一层松脆的薄冰都会准时覆盖到草地上面。正如天空中的生命越来越少一样，水里的生命也不多了。现在看不见那些曾经在夏天的水面上盛开的花了，它们亭亭的花梗已经缩回到水下面了，它们的种子早已沉入了水底。水下面的深坑里，慢慢地要比水面暖和了，到了冬天，不管多冷，也不会结冰；鱼就是去那里了。在池塘里生活了整整一个夏天以后，长尾巴的蝾螈，现在也从水里跳了出来，来到陆地，去树根下面有青苔覆盖的地方过冬去了；而冰冻已经把池塘的水面封起来了。

老鼠、蜈蚣、蜘蛛什么的，现在都已不见了踪影。陆地上的有些冷血的动物，现在都已经被冻僵了。钻到烂泥里的蛤蟆，开始冬眠了。而被脱落树皮覆盖着的树根处，则是蜥蜴冬眠的好地方。在干燥的坑里，有把自己盘成一团的蛇，它们很快就被冻僵了。有的野兽，已经穿上了更加保暖的皮大衣；有的野兽，已经在自己洞里的小仓库堆满了粮食；还有的野兽，正在为寻找温暖的巢穴而努力着。冬天就要来到了，所有的动物都在积极准备迎接接踵而至的寒冷天气……

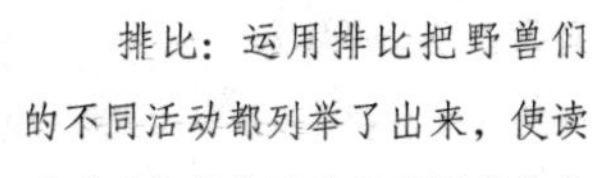

排比：运用排比把野兽们的不同活动都列举了出来，使读者对动物们的活动有了更具体的了解。

播种天、落叶天、毁坏天、泥泞天、怒号天、倾盆天，再加上扫叶天，一共 7 种，就构成了秋天的户外天气。

·我的好词好句积累卡·

落寞　悄无声息　接踵而至

森林里最后几片枯树叶也被秋风扯下来了。

正如天空中的生命越来越少一样，水里的生命也不多了。

森林中的大事

动物们在准备过冬

虽然现在还不是特别寒冷，但也不能掉以轻心哪。因为一旦严寒来到，大地和水瞬间就会被冰冻封起来。

成语：简洁地表达了天气虽然不太冷，但也不能采取轻率的漫不经心的态度。

按照自己的方式准备过冬，是森林里每一只动物现在的要务。

展开翅膀飞走的，都是忍受不了饥饿和寒冷的；留下来不走的，都在匆匆忙忙准备过冬的食物，往自己的仓库里搬运东西。

短尾野鼠是时下干活最卖力的。它们每天夜里都往洞里偷运食物，它们的洞就在粮食垛的下面或者禾草垛里面。

形容词：准确形象地表现了短尾野鼠干活时卖力的样子。

每一个鼠洞，都有五六个小过道互相连接着，每一个过道都通向一个洞口。通常在地底下都还有几个小仓库和一个卧室。

这个时候，野鼠都会储存大量的粮食，以备睡觉之前食用，因为它们只有到天气最寒冷的时候才开始冬眠。有些野鼠洞里，收集的精选谷粒甚至达到四五千克重。

我们需要提防这些损坏庄稼的小啮齿动物，因为它们专门在田地里偷粮食。

年纪轻轻的过冬者

多年生的草类和树木也都在准备着过冬。大多数的一年生的草本植物早已播下了自己的种子，但是，还有一些一年生的草类是采取发芽的方式来过冬的。在翻过土的菜园里，很多一年生的杂草都生长起来了。在荒凉的黑土地上，我们可以看到：一簇簇的锯齿状的芥菜的小叶子，和荨麻相似的毛茸茸的紫红色野芝麻的小叶子，还有小巧好看的三色堇、香母草、犁头菜，当然还少不了讨人嫌的繁缕……

形容词：非常准确地写出了紫红色野芝麻叶子的质地特点。

这些小植物就这样准备度过寒冷的冬天，它们会在雪下面生活到明年春暖花开时。

谁还来得及

长着很多枝杈的椴树，在白茫茫的雪地上，像一些棕红色的斑点，是很容易和周围的其他树区别开来的。树上面的叶子不是棕红色的，棕红色的是坚果上的那种小舌头似的小翅膀。椴树的树杈上，结满了带翅膀的小坚果。

有这样着装的不单单是椴树。快看，那边高大的梣树也是这样的。这棵树上挂着的坚果可不少。又细又长的坚果，密密麻麻地挂在树上，看起来就像豆荚似的。

最漂亮的，大概还得说是花楸树。一串串沉甸甸的、鲜艳夺目的浆果，直到现在还挂在花楸树上呢。还有小檗（bò）上也挂着浆果。

成语：用简洁明了的语言突出了浆果的色彩鲜美艳丽，十分引人注目。

让人赞叹的，还有桃叶卫矛的果实，现在看起来就像带黄色雄蕊的玫瑰花一样，仍然是那么漂亮。

在冬天来到以前，这里还有些乔木，还没有来得及孕育后代呢。

一簇簇风干了的葇荑花，还挂在白桦树上，我们还可以看见一些带翅膀的坚果还躲在葇荑花里。

现在，赤杨的黑色球果，还没有成熟落地。但赤杨和白桦树长出的葇荑花序，早已为明年春天做好了充分的准备。因为这些葇荑花序，一到春天就会被拉长，把鳞片张开，长出花蕾。

榛子树也有葇荑花序——粗粗的暗红色葇荑花序，每根树枝上有两对。不过榛子树上已经找不到榛子了，榛子树已经完成了春天以前的所有安排，当然也包括做好了和它的后代告别的准备工作。

尼·巴甫洛娃

储藏蔬菜

夏天，短耳朵水鼠是住在小河边的别墅里的。那可是它们自己亲手建造起来的。别墅带有一间地下室，地下室的过道从房门口斜着向下，一直通到小河里。

水鼠的冬季住宅，离河边比较远，舒适而又暖和，这是水鼠精心为自己准备的。这个住宅位于一个长着很多草墩的草场上面，这里有很多条过道可以通往住宅，每条过道的长度都有100多步。

这套住宅的卧室里面，铺满了干燥的草，既柔软又暖和，而卧室的正上方，就是一个很大的草墩。

从卧室出发，经过特别的过道，可以到达小仓库。

小仓库里有豌豆、蚕豆、五谷、马铃薯、葱头，等等，它们都是水鼠从菜园里和田地里偷来的。小仓库遵循严格的秩序，各种食物分门别类，被摆放得整整齐齐。

形容词：形象地写出了小仓库里的东西被摆放好后井井有条的样子。

小松鼠的晒台

在树上，小松鼠有几个圆圆的巢，其中一个圆巢是它们的仓库。它们从树林里收集来球果和小坚果以后，就放在这个仓库里。

除此以外，小松鼠还会采集一些蘑菇，比如油蕈和白桦蕈。它们会把蘑菇穿到折断了的树枝上晾晒，直到晒得干干的。干蘑菇可是小松鼠在冬天里的美食，到时它们就可以在树枝上爬来爬去地享用它。

活体的储藏室

作为我们人类的朋友，姬蜂是许多有害昆虫幼虫的天敌。

它振动翅膀的速度是很快的，非常敏锐的一双眼睛就长在朝上卷起来的触角下面。姬蜂的胸部和腹部分界很明显，因为它的腰非常纤细。它有一根又细又直的尾针，很像我们用来缝补衣服的针，位置就在它腹部下面的尾巴尖的地方。

形容词：用词准确，很恰当地表现了姬蜂的腰非常细的特点。

姬蜂会给它的孩子找到一个神奇的储藏室。

在夏天，每当姬蜂发现又肥又大的蝴蝶幼虫，就会马上扑上去，把细长的尾针刺进幼虫的身体内，幼虫就晕过去了。这时，姬蜂就会在蝴蝶幼虫身上钻个小洞，产下一个卵，把卵留置在那个小洞里。

动词："钻"字写出了姬蜂在蝴蝶幼虫身上打洞的动作。

姬蜂飞走以后不久，蝴蝶幼虫就会从晕厥中苏醒过来，就像什么事也没发生过一样，继续去吃树叶。

到了秋天以后，蝴蝶幼虫就会结成茧，最后变成蛹。

在茧的里面，姬蜂的幼虫这时也从卵里孵出来了。茧里面的蝶蛹作为食物，足够姬蜂幼虫吃上一年了，而且这个居所是坚固的，又暖和，又安全。

夏天再次来临的时候，茧破开了，从里面飞出来一只昆虫，但它不是蝴蝶。只见它身子又细又长，全身呈现黑、红、黄三种颜色，对，它就是我们可爱的姬蜂。

自己本身就是储藏室

自己本身就是储藏室的野兽，也有很多种。这样它们就不需要再给自己安排另外的什么特别的储藏室了。

它们在秋天的几个月时间里，放开胃口，大吃特吃，想吃多少就吃多少，吃得肥肥胖胖，长出一身的肉和脂肪。这些脂肪就是它们的储藏室，也就是说，它们的食物储备就是这些脂肪。

到了冬天，野兽找不到什么东西充饥的时候，就来消耗这层积累在皮下的厚厚的脂肪。这些脂肪会像食物似的透过肠壁，渗到血液里去，而营养会随着血液输送到全身的每个地方。

就是这样，整个冬天，野兽们都可以安心地埋头大睡了。它们不用担心寒气会渗到身体里面去，因为那些脂肪在它们体内燃烧着。能够这样做的，有蝙蝠、獾、熊和其他很多大大小小的野兽。

贼偷小偷

在森林里，长耳猫头鹰（别名长耳鸮）可是个惯偷，非常狡猾！但是，它也会被偷，这是真的！

长耳猫头鹰，外形上和雕鸮长得差不多，只是没有雕鸮那么大个。它头上的羽毛竖立着，嘴巴就像个钩子，眼睛看起来又圆又大。它的眼睛和耳朵都很好使，在黑漆漆的夜里，能看到一切，听到一切。

枯叶堆里，老鼠刚刚弄出一丁点声响，长耳猫头鹰就已经跑到那里了。只听“嗖”一声，老鼠已被抓到半空去了。有个小兔子在附近一闪而过，但长耳猫头鹰比它还快，转眼之间，小兔子已死在这个夜强盗的利爪之下了。

死老鼠被拖到长耳猫头鹰的树洞里以后，长耳猫头鹰并不急于吃掉它，只是先把它放在那里，因为它还不饿。当然，它也不会送出去。

白天，它就待在树洞里休息，看着食物。到了夜里，它就飞出去寻找猎物，并不时地飞回树洞检查检查。

突然有一天，它发现自己储备的食物和平时不太一样。这位主人很聪明，就像会数数似的，它发现自己的东西变得越来越少了。

黑夜降临以后，又到了长耳猫头鹰出猎的时间了，它如平常一样飞了出去。

当它回来时，发现树洞里的死老鼠一只也没有了。它看见旁边有只灰色小兽，长度和老鼠差不多，一动不动地趴在那里。

它赶忙用爪子去抓那只小兽，可是小兽已经钻过树洞下面的一条小裂缝，快速地在地上奔跑。一只小老鼠还衔在它的嘴里呢！

长耳猫头鹰紧跟着追了过去，差不多要追上了。突然，它停止了追击，因为它看清楚这个小偷了。原来这个小偷竟然是凶猛的伶鼬。

伶鼬可是专靠抢劫为生的家伙。可别小看这个不大点的小兽，它不但勇敢，而且身体灵活，是敢于向长耳猫头鹰挑战的。长耳猫头鹰最怕被它咬住胸脯，如果那样，是别想挣脱的。

是不是夏天又回来了

秋天的早上和晚上，风冷飕飕地吹，像冰一般寒冷；但在有太阳照耀的中午，周围就变得又暖和又恬静，给人的感觉就像夏天又突然回来了一样。

对比：通过对比表明了秋天的早晚和中午的温度差异很大的情形，语言十分形象生动。

蒲公英和樱草花，从草丛下面探出了头。蝴蝶依旧在花丛中飞舞。空中回旋的蚊虫，隐隐约约勾勒出一根根柱子。有一只小鸟从远处飞来，那是一只小巧可爱的鹪鹩（jiāo liáo），它翘着尾巴唱着歌，响亮的歌声听起来是那么热情、欢快！

迟飞的柳莺，依然在高大的云杉树上唱着歌，“敲，清，卡！敲，清，卡！”歌声柔婉、温和，听起来是那么沉静、忧郁，有种雨滴垂落到水面的感觉。

拟声词：十分准确地描摹了柳莺歌声的悦耳婉转，让人不由得心生遐想。

沉浸在这些歌声当中，你或许会忘记冬天在一步步走来。

受惊的鲫鱼和青蛙

冰层覆盖了池塘，以及池塘里的所有居民。有一天，人们打算清理一下池塘底部，于是打开了冰层，从池底挖出了大堆大堆的淤泥。他们干完活就离开了。

阳光照耀着大地，烘烤着大地。水蒸气从泥堆里慢慢地散发出来。忽然间，一团淤泥动弹了起来，然后在地上翻滚着。发生什么事了吗？

只见一个小泥团露出了一条小尾巴，在地上抽动着，抽动着，随着“扑通”一声响，它跳到水里，跳回池塘去了。第二个小泥团，第三个小泥团……一个跟着一个，跳到了池塘里。

奇怪的是，有另外一些小泥团，却伸出小腿，从池塘边往远处跳去。

哈哈，原来这不是小泥团，而是一些浑身包着烂泥的活青蛙和活鲫鱼。

本来，它们是在池塘底部的淤泥里过冬的。人们把它们和烂泥一起挖了出来。烂泥堆被阳光晒热以后，青蛙和鲫鱼都苏醒过来了。它们一苏醒过来，就可以蹦跳了。鲫鱼一个个跳回水里去了；但青蛙却不那样做，它要去寻找更合适的地方，以免睡得正香甜的时候，再被人挖掘出来。

你看，几十只青蛙就像早已商量过一样，朝着同一个方向前进着。那边也是个池塘，就在打谷场和大路的对面，看起来比刚才那个更大，水更深。转眼间，青蛙们已来到了大路上面。

可惜的是，在这样的秋天里，阳光的温暖是没有保障的。

太阳被乌云遮住了。在阴凉下，在寒冷北风的呼啸声中，离开了暖和淤泥的青蛙们冷得要命。它们又蹦跳了几下，就一动不动了，全身都冻僵了，血液凝固了，很快就冻死了。

青蛙再也跳不起来了。

所有跳到这里的青蛙都冻死了。

所有的青蛙，头都朝着同一个方向，也就是，朝着大路边的那个大池塘。那个大池塘里面，有救命的暖和的淤泥。

战战兢兢

树叶落光以后，森林看起来变得稀疏了。

一只小白兔，卧在树木间的灌木丛下面，两只眼睛不停地东张西望，身子紧贴着地面。它心里战战兢兢，对周围的“沙沙”声特别敏感：是老鹰在树枝上扑棱翅膀吗？是狡猾的狐狸踩到落叶上了吗？它们发现我了吗？它只是一只小兔子，身上的毛正在变白，斑点长满全身。它盼望着第一场雪的到来！周围一片明亮，森林里五光十色，地面上到处是落叶，有黄色的，有红色的，有棕色的。

成语：把小白兔这里望望、那里看看的紧张样子言简意赅地表现了出来。

如果猎人突然出现怎么办？飞快转身逃跑吗？向哪里跑呢？

脚爪踩在干枯的落叶上，就像踩在铁皮上似的“沙沙”乱响，单是自己的脚步声就能把自己吓疯了呀！

小白兔躲在灌木丛下面，把身子埋在青苔里，紧贴在一个白桦树树墩上。它就这么卧着，一动也不动，不敢出一声大气，只有两个眼珠子不停地东张西望。

动词：很形象地表现了小白兔待在白桦树树墩上的动作特点。

神态描写：通过对小兔子的神态描写，表现了它当时是多么害怕被抓到的心理，形象传神。

战战兢兢，好恐怖哇……

红胸小鸟

夏天的时候，我经过一片森林，听见茂密的草丛里有异样的声音，不禁一惊。我仔细一听，好像是有什么东西在草丛里跑动，走近一看，发现有一只小鸟被青草缠住，跑不动了。这只小鸟个头不大，羽毛是灰色的，只有胸脯上的毛是红色的。我抓住它，解开缠在它腿上的青草，把它带回了家，心里美滋滋的。

回家后，我拿了点面包屑给它吃。它吃饱后，看起来也很高兴。我专门为它做了个笼子，每天都捉小虫子给它吃。整整一个秋天，它都在家里陪着我。

直到有一天，我出去了，没有关好笼子，家里的猫偷偷吃掉了小鸟。

我是那么喜欢这只小鸟，我为它大哭了一场。除此之外，我不能为它做任何事情了。

森林通讯员　奥斯大宁

我把一只松鼠带回了家

松鼠也很不容易：要在夏天采集好食物，保存到冬天吃。我亲眼看到一只松鼠爬到云杉树上，摘下一个球果，拖到自己洞里去了。我留了个标记在这棵树上。过了段时间，我们砍倒这棵树，抓住了松鼠，在树洞里发现了很多球果。松鼠被我们带回家，放在笼子里养着。它也是很凶的：一个小男孩把手指头伸到笼子里玩，松鼠突然一口就咬破了小男孩那个手指头！它很喜欢吃云杉球果，我们就给它带来很多云杉球果。不过，它最喜欢吃的，好像还是胡桃和榛子。

森林通讯员　斯米尔诺夫

星鸦之谜

我们这里的森林里，生活着一种乌鸦，它比普通的灰乌鸦要小一些，全身都长着斑点。西伯利亚人把它称作“星乌”，而我们这里都管它叫“星鸦”。

星鸦会采集松子，藏到树洞里或者树根的下面，以备入冬的时候充饥。

冬天里，星鸦之所以能够从这个地方飞到那个地方，从这座森林飞到那座森林，依靠的就是这些食物。

有趣的是，它们吃的都不是自己储藏的食物。那它们吃的都是谁储备的松子呢？答案是，那是它们的亲戚储藏的。每当它们飞到一个地方，飞到一片它们可能从来都没到过的小树林，它们所要做的第一件事，就是马上去寻找别的星鸦储藏的食物。附近所有的树洞，都会被它们搜索一遍，只是为了寻找松子。

动词：“搜索”写出了星鸦们寻找食物时的急切心理。

放在树洞里的食物是不难寻找的。问题是，有些星鸦是把松子藏到树根下面和灌木丛下面的，那可不是轻易能找到的！更何况，冬天里的大地是被白雪完全覆盖了的呀！奇怪的是，星鸦飞到灌木丛边或树根边，除掉下面的雪，总是能够准确无误地找到别的星鸦储备的松子。

星鸦是怎么知道，正好是这个位置下面藏着松子的呢？周围可是长着数不清的乔木和灌木的，它们是靠什么标记找到的呢？

这一点，我们还不得而知。

有机会的话，我们可以做一些好玩的试验，研究研究星鸦到底是怎么在白茫茫的大雪下面找到别的星鸦储备的松子的。

可爱的小鸭

我妈妈在吐绶（shòu）母鸡身下放了 3 个鸭蛋。

到了第四个星期，孵化出了 3 只小鸭和几只小吐绶鸡。在它们还没长大以前，我们一直把它们放在暖和的地方。直到有一天，我们第一次把它们带到了外面。

> 拟人：把吐绶母鸡拟人化了，它的动作和语言都很生动有趣。

我家旁边，有一条小水沟。小鸭们立刻摇摇摆摆地跑到沟里，游了起来。吐绶母鸡跑过来，急急忙忙地大喊："哦！哦！"但小鸭们只管安静地在水里游泳，对它的叫声并不太注意。吐绶母鸡带着小吐绶鸡们悻悻地走开了。

小鸭子在水里游了一会儿，感觉冷了，就从沟里爬上来了。它们嘎嘎地叫着，全身发抖，但找不到取暖的地方。

我把它们拿在手里，盖上手帕，带到屋里来，它们马上就不叫唤了。它们就这样和我住在了一起。

一大早，3 只小鸭子被我从家里放出去，它们马上又跳到水沟里，感觉冷的时候，就又往家里跑。它们还没有长全翅膀，根本飞不到台阶上面来，只知道不停地叫唤。有人路过，就把它们拎了上来。它们3个径直就往我房间跑了过来，并排站着，伸长脖子，可劲叫唤。我还在睡觉，妈妈就把它们拎到我的床上来。它们赶忙钻进我的被窝，很快就睡着了。

动作描写：一系列的动作描写向读者再现了3只鸭子跑向"我"房间的情景，真实有趣。

秋天快到了，小鸭们已经长大了，我也要赶到城里去上学了。妈妈说它们非常想念我，老是不停地叫唤。听了这个消息，我不知哭了多少次。

森林通讯员　薇拉·米赫耶娃

"女妖的扫帚"

在这个季节，树木都变得光秃秃的。在夏天没发现的一些东西，现在都可以看到了。看，远处那一棵白桦树，整棵树上都布满了东西，那东西好像是秃鼻乌鸦的巢似的。可是走近仔细一看，这哪里是什么鸟巢，那是一些黑色的细树枝，往四面八方生长着。它们一般被称作"女妖的扫帚"。

让我们回想一下，任何一个关于女妖或者巫婆的童话吧。巫婆乘坐着飞臼飞翔在空中，用扫帚清除自己留下的痕迹；女妖骑着扫帚从烟囱里飞奔而出。无论是巫婆还是女妖，都和扫帚有关系。为了得到扫帚，她们就会在各种树木上抹上一些药，以便能让那些树枝长出像扫帚一样难看的细树枝。讲童话的人都是这么说的。

这种说法是科学的吗？答案是否定的。实际情况是，树上之所以会长出那么多的细树枝，是因为树生病了。有一种特殊的扁虱或者菌类，导致树产生了这种病变。

附着在榛子树上的扁虱，又小又轻，经常被风吹得满树林乱飞。扁虱一旦落在一根树枝上面，就会钻进这根树枝的胚芽里面，在那里定居下来。胚芽是一根现成的嫩枝，也就是带有叶子的胚的茎。扁虱只吃芽的汁液，其他什么也不吃。但是，被扁虱咬伤以后，芽就会产生分泌物，树就生病了。等到芽开始发育的时候，嫩枝就会像变魔术似的快速生长，是一般生长速度的6倍。

夸张：使用夸张的修辞手法突出了嫩枝生长速度非常快的样子。

病芽会长成一根短短的嫩枝，嫩枝再生出侧枝。扁虱的后代们爬到侧枝上面，侧枝再生出侧枝。就这样，不断地分枝。最后，在原来只有一个芽的地方，一把不太好看的“女妖的扫帚”就生成了。

在实际情况当中，如果一个菌（寄生菌的孢子）进到芽里面，在里面长大，也会发生这样的现象。

经常长出“女妖的扫帚”的树木，有赤杨、桦树、千金榆、山毛榉、槭树、松树、云杉、冷杉，以及其他一些乔木、灌木。

活着的纪念碑

现在正是植树造林的好时候。

植树，是件大好事，能让植树的人心里高兴，对大家也有好处。孩子们当然不会落在大人们的后面。只见他们一个个小心翼翼，尽可能地不伤害树根，把冬眠中的小树挖出来，然后移植到一个新地方去。

成语：用简洁的语言表现了孩子们谨慎小心，一点不敢疏忽的样子。

到了春天，人们就会欣喜万分地发现，小树会从冬眠中苏醒过来。每一个栽过或者照料过小树的孩子，即使只栽种过一棵小树，也已经为自己树立了一座奇妙的绿色纪念碑，一座永远存在着的活着的纪念碑。

在花园、菜园和校园里，栽一些活篱笆，是孩子们的好主意。这些由一些灌木和小树长成的活篱笆，又浓又密，不仅能阻挡灰尘和白雪，而且还能招来很多鸟，因为鸟可以在这里找到可靠的掩蔽所。到了夏天，黄莺、知更鸟、鹡鸰（jí líng）和我们的另外一些鸣禽类的好朋友，将会在这些活篱笆里面筑巢、孵化雏鸟，积极地保护菜园和花园免遭害虫的侵扰；它们还会用自己动听的歌声，让我们大饱耳福。

夏天，一些少先队员去了克里木，从那里带回了一种名叫“列娃”的灌木的种子。到了春天，大家可以用这些种子建成一个不同凡响的活篱笆。列娃是一种很好玩的灌木，它的战斗力很强，不会允许任何人穿过自己密实的建筑。列娃可以像猫一样抓人，像刺猬一样扎人，像荨麻一样灼人。我们不得不在这种篱笆上挂个牌子，上面写着：“勿用手

排比：使用排比的修辞手法准确详尽地列举了列娃各种各样的特点。

碰！”就是不知道，什么鸟会选中这种活篱笆来筑巢、生活。

候鸟迁徙之谜

有的鸟往南飞，有的鸟往东飞，有的鸟往北飞，有的鸟往西飞，为什么？

有的鸟一直要等到实在找不到食物、水结成冰、天下大雪的时候，才开始迁徙，为什么？

还有，像雨燕之类的鸟，每年开始迁徙的日期是很固定的。从日历上看，这个固定的日期是很准确的，今年是几月几号，来年还是几月几号。需要指出的是，在那个日期，它们的食物并不难找，如果它们愿意，完全可以迟些再飞走的。

更让人不解的是，对于鸟在秋天应该向什么方向飞，到哪个地方过冬，飞行的具体路线是怎样的，它们是怎么知道这一切的呢？

事实总是摆在那里。举例来说，就在莫斯科附近，一只从蛋里孵化出的雏鸟，它最终是要飞到印度或者非洲南部去过冬。还有一种生活在我们这里的小游隼，它动作麻利，离开西伯利亚以后要经过很多地方，最后会待在澳大利亚过冬。但是，当西伯利亚的春天来到的时候，这种小游隼还是会准时飞回我们这里来。

不是那么简单

猛然看起来，这一切是很简单的：翅膀长在自己身上，想飞到哪里去，还不是自己说了算？这个地方冷起来了，食物不好找了，那就往稍微暖和一点的地方挪挪窝不就可以了吗？等到新的地方也冷起来了，那就再挪挪窝飞远一点，可以随意再找一个温暖、有食物的地方继续过冬。

实际情况远不是那么简单！不知是出于什么原因，我们这里的朱雀会一直飞到印度去；而游隼从西伯利亚出发，越过印度，经过数十个适合过冬的天气炎热的国家，最后到达澳大利亚。

也就是说，饥饿和寒冷，并不是促使我们这里的候鸟越过高山，飞越海洋，飞到遥远的地方去过冬的全部原因。应该还有一种先天就具有的、比较复杂的、自己无法摆脱及克制的感觉类的东西在指挥着鸟类。

众所周知，在远古的时候，冰河多次侵袭过我们国家的大部分地区。我们这里的大片平原，被沉甸甸的、残酷无情的冰河以排山倒海、雷霆万钧之势慢慢地吞没了，然后历经数百年又逐渐地恢复成了平原；再后来冰河又卷土重来，在这过程中，几乎所有的生物都灭绝了。

成语：这里把冰河力量的强大、声势的浩大言简意赅地表现了出来。

幸亏鸟是有翅膀的动物。冰河边的土地，被头一拨飞走的鸟占据；随着冰河的缓缓推进，下一拨鸟会飞得更远一些，再下一拨更远，就好像在玩跳背游戏一样。在冰河慢慢退却的过程中，曾被冰河赶出家门的鸟，又不辞辛苦长途跋涉地返回到自己的故土。这时候，跳背游戏的顺

比喻：把鸟飞得一拨比一拨远比喻成“玩跳背游戏”，形象生动地写出了鸟的飞行特点。

序就颠倒过来了：飞得近的，最先返回来；飞得远一点的，下一拨回来；飞得更远一些的，再下一拨返回来。“玩”这种跳背游戏的速度，可谓超级慢：跳完一次需要几千年的时间！就在这巨大的时间间隔当中，鸟类是完全可以养成这样一种习惯的：在秋天天气转冷的时候，飞离自己的家乡；到春天温暖的时候，又返回到那里去。这样的一种习惯，可以说是刻骨铭心，可能已经融入血液里了。因此，候鸟每年都会按时迁徙。能够证明这个猜想的，还有一个事实，那就是：在地球上没出现过冰河的地方，几乎不存在大批的候鸟。

其他可能的原因

但是，在秋天，并不是所有的鸟都往南方飞、往暖和的地方飞。有些鸟是往别的方向飞的，有的甚至飞往北方，向着最寒冷的地方飞。

有的鸟，迁徙的原因很简单，就是因为找不到什么食物可吃了，因为大雪覆盖了大地，坚硬的冰冻把水面封起来了。只要大雪一开始融化，云雀、椋鸟、秃鼻乌鸦这些鸟就会立刻飞回来。只要江河湖泊上的水面一开始解封，野鸭和鸥鸟也就回来了。

在冬天，白海会被很厚的冰层覆盖，所以绒鸭无论如何也不会留在干达拉克沙禁猎区过冬，它们没有别的选择，只能飞到北方去，因为温暖的墨西哥暖流会流过那里，那里的海水整个冬天都不会结冰。

从莫斯科往南走，很快就会到达乌克兰。在那里，我们可以看到云雀、椋鸟和秃鼻乌鸦，它们是在那里过冬的。这些鸟现在的位置，只是比留鸟稍稍远一些罢了。在我们这里，黄雀、山雀、灰雀等都被认为是留鸟。但是，有许多留鸟也是移栖的，并不是只住在一个地方。一年四季都住在同一个地方的，只有城市里的鸽子、麻雀、寒鸦和森林里、田野中的野鸡；其他的鸟都是要迁移的，只不过有的飞得近些，有的飞得远些。那么，我们到底怎么才能分辨出哪一种鸟只是简单的移栖鸟，哪一种鸟才是真正的候鸟呢?

就拿朱雀来说吧，你就不能说这种鸟是移栖的。一样的还有黄鸟，黄鸟会飞到非洲过冬，朱雀会飞到印度去过冬。它们在候鸟中比较特别，因为它们迁徙不是缘于冰河的侵袭和退却，这跟大多数候鸟是不一样的。

我们再来看看朱雀，雌朱雀和一只普通的麻雀差不多，不同的只是头和胸部的颜色，那可是鲜红鲜红的。黄鸟的令人称奇之处在于它全身都是纯金色的，两个翅膀是黑色的。你禁不住会想:“这些鸟有多么华丽的服装啊……在我们这里，它们是异乡鸟吗？它们是来自遥远的炎热国家的小客人吗?”

形容词:“华丽”一词形象准确地表现了黄鸟服装华美艳丽的特点。

十有八九是这样的。非常非常有可能！黄鸟是一种有代表性的非洲鸟，朱雀则是印度鸟。很可能的情形是这样的，这种鸟的数量愈来愈多，非常拥挤，导致年轻一代的鸟被迫去寻找新的住处——一个可以居住并繁衍后代的地方。接下来，它们就开始往北方飞去，因为在北方居住，不会那么拥挤，夏天也不是特别冷。即使抵抗力不强的刚出生的光溜溜的雏鸟，一般都不会感冒着凉。在寒冷到来、找不到食物的时候，它们可以重新返回到家乡去，而这个时候，那里的雏鸟早已孵化出来了。大家和和睦睦地住在一起，毕竟都是同类，不会欺生的。等到春暖花开的时候，它们又飞到北方去了。飞去又飞回、飞回又飞去……如此这般，几千年几万年过去了。

形容词:“光溜溜”准确地表现了雏鸟刚出生时浑身上下什么毛也没有的样子。

在这样的情况下，鸟类就形成了迁徙的习惯：黄鸟向北飞，越过地中海到达欧洲；而朱雀会从印度向北飞，越过阿尔泰山脉和西伯利亚，接着转弯向西飞，通过乌拉尔继续向前飞。

当然，对于鸟类迁徙习惯的形成，还有另外一种说法，这种观点认为某些鸟类渐渐地适应了新的筑巢地域是主要原因。再举朱雀的例子，我们可以这么说，最近这几十年来，这种鸟在不断地向西迁移，都到达波罗的海海边了。但是，在冬天，它们还是要返回到印度的家乡去。

从以上这些关于迁徙产生原因的推断当中，我们可以明白一些问题。但是，我们也知道，在鸟迁徙的问题上，我们还有很多谜没有完全解开。

一只小杜鹃的简要历史

我们说的小杜鹃，诞生在泽列诺高尔斯克的一座花园里，那是一个红胸鸲（qú）的家庭。

我们无需知道，小杜鹃是怎么来到巢里的，只需了解这是个舒舒服服的巢，位于老云杉的树根旁就可以了。我们无需知道，这只小杜鹃给它的红胸鸲养父母带来了多少牵挂、麻烦和不安，只需了解，它们呕心沥血，终于把这只个头是它们3倍大的鸟喂大了就可以了。

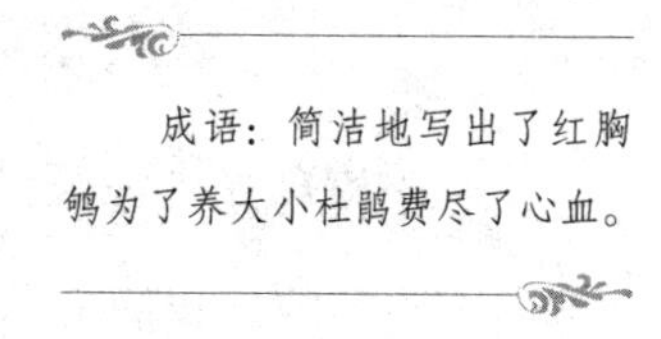

成语：简洁地写出了红胸鸲为了养大小杜鹃费尽了心血。

有一天，花园的管理员来到它们的巢边，从巢里面拿出了这只已长出羽毛的小杜鹃，仔仔细细地看了看。虽然他最终又把小杜鹃放回到巢里，但可把红胸鸲夫妇吓了一大跳。很明显，那只小杜鹃左侧翅膀已经引起管理员注意了，因为小杜鹃左侧翅膀上面有个由白羽毛组成的斑点。

含辛茹苦，红胸鸲最后终于把它们的这个养子喂大了。可是，小杜鹃飞出巢以后，每当看见它们，还是大张着红黄色的嘴巴，沙哑着嗓子不停地喊饿。

拟人：用拟人的手法表现了小杜鹃对于它的养父母的依恋，可爱有趣。

一进入十月份，园里的大部分树木都变得光秃秃的了，只有两棵老槭树和一棵橡树还长着鲜艳的叶子。此时，看不到小杜鹃了。在一个月之前，那些成年的杜鹃就已经从我们这的森林里销声匿迹了。

和我们这里其他的杜鹃一样，小杜鹃在南非度过了这年的冬天。今年夏天，就在不久以前，这里的管理员看见在一棵老云杉树上，停留着一只雌杜鹃。他赶忙用气枪打死了它，因为他怕雌杜鹃会破坏红胸鸲的巢。

而就在这只杜鹃的左翅膀上面，有个十分明显的白斑。

谜底揭穿了，但秘密还在那里

对于候鸟迁徙起源的问题，我们有可能回答对了。但是，对下面这些问题，我们又如何解释呢？

候鸟是怎么记路的？要知道，它们的迁徙距离达到了几千千米。

人们曾经认为，在每年秋天迁徙的鸟群里，都至少有一只老鸟在领路；它心里记着从筑巢地到过冬地的路线，是它带领着全体年轻的鸟前进的。而现在的实际情况是：这群年轻的鸟都是今年夏天刚从我们这里孵化出来的，里面没有一只老鸟。这种鸟中，老鸟比年轻的鸟先飞走；另外一种鸟中，年轻的鸟比老鸟先飞走。可是，不管是在哪种情形下，年轻的鸟都是准确地在确定的日期内飞到了过冬地。

这是很奇怪的，即使我们可以理解老鸟的小脑瓜可以记住几千几万千米的漫长路程，但是两三个月以前刚刚孵化出的雏鸟可是什么都不知道的，它们怎么可能会独立地认清这条路呢？这正是让人迷惑不解的地方。

还是说说泽列诺高尔斯克的那只小杜鹃吧。它是怎么找到在南非过冬地的杜鹃的呢？没有老杜鹃给它指路，因为那些老家伙都早在一个月以前就飞走了。杜鹃不喜结群，是一种性格孤僻的鸟；而它的养父母，也就是红胸鸲夫妇，早已经飞到高加索去过冬了。在这样的情况下，我们的小杜鹃到底是怎么飞到南非去的呢？地球这么大，而恰恰就是这个地方，是杜鹃世世代代、祖祖辈辈过冬的地方；还有，它飞到南非以后，又是怎么找到自己的家的呢？它飞回来后，又是怎么准确地找到红胸鸲把它从蛋里孵化出来、喂大它的鸟巢的呢？

给风打分数

分数	名称	速度	这种风都会做什么
7	疾风	13.9～17.1米/秒 50～61千米/时	风呼呼作响，人走路会很吃力，树冠被刮歪，风使巨浪产生泡沫
8	大风	17.2～20.7米/秒 62～74千米/时	折断树枝、小树，甚至栅栏
9	烈风	20.8～24.4米/秒 75～88千米/时	将建筑物上的砖瓦吹落，还有可能掀翻渔船
10	狂风	24.5～28.4米/秒 89～102千米/时	将树木连根拔起，有时将房屋顶盖掀掉
11	暴风	28.5~32.6米/秒 103~117千米/时 （和信鸽的速度相当）	将带来更大的破坏
12	飓风	32.7～36.9米/秒 118~133千米/时 （和游隼的速度相当）	具有巨大的破坏力

年轻的鸟是怎么知道的，它们应该要飞到哪里去过冬？

亲爱的《森林报》读者朋友们，你们有必要仔细地思考思考鸟类的这个秘密。当然，这个秘密也有可能要留给你们的下一代去研究。

解答这个问题的时候，必须要放弃“本能”这个抽象的词语。我们需要做成千上万次奇妙的试验，务必要搞清楚这个问题：鸟类的智慧到底和人类的智慧有什么不一样？

幸运的是，我们这里的暴风和飓风是非常少见的，要好多年才会遇到一次。

· 写一写，练一练 ·

1. 写出下列词语的近义词。

提防——（　　）　纤细——（　　）

2. 写出下列词语的反义词。

苏醒——（　　）　侵扰——（　　）

乡村日历

田野空旷起来了。人们的住所跟前来了新客人，它们是一群群的灰山鹑。大部分时间，它们都在谷仓附近过夜，有时甚至也飞到村子里来。

那些有枪的猎人已经不打山鹑了，他们现在把目标转向了兔子。

·写一写，练一练·

1. 仿写句子。

大部分时间，它们都在谷仓附近过夜，有时甚至也飞到村子里来。

____

2. 给下列加点字注音。

山鹑（　　）　　谷仓（　　　　）

农庄里的新闻

昨　日

养鸡场昨天晚上亮起电灯了。现在白天变得短了，为了让鸡能够在夜里也散散步、多吃点东西，人们决定每晚用灯光照亮鸡场。

鸡兴奋起来了。电灯亮起来的时候，它们会立刻扑到炉灰中沐浴。特别是一只最淘气的、总是寻衅滋事的大公鸡，歪着脑袋用右眼看着电灯泡唠叨：

拟人：这里把大公鸡拟人化了，把大公鸡的淘气、可爱表现了出来。

“咯！咯！哦，你有本事再挂得低一点，再低一点，我一定要啄你一下！”

干草末，又好吃又有营养，是饲料中最理想的调味料。人们都是用高级的干草来制作这种草末的。

老母鸡，老母鸡，如果你们都想“咯咯哒，咯咯哒”地不断地下鸡蛋的话，那你们就吃点干草末吧！小猪崽，小猪崽，如果你们想快快长大的话，那你就吃点干草末吧！

来自新农村的报道

现在，苹果树上面光秃秃的，没有一片叶子了。人们在忙着整修它们，打扮它们。首先要把它们收拾干净，也就是把它们身上的苔藓摘下来。虽然苔藓这种灰绿色的饰物并不难看，但它里面躲藏着害虫。人们在苹果树的树干和下面的树枝上全都涂上了石灰，这样可以防止它们生虫，也可以阻止阳光灼伤它们，在抵御寒冷方面也有一定作用。穿上了雪白的新衣服以后，苹果树现在看起来十分漂亮。哈哈，很快就要过节了，人们是有意识地在这个时候把它们打扮起来的。

形容词："光秃秃"写出了苹果树上一无所有的状态。

动词："灼伤"表明了阳光对苹果树的伤害之大。

适合百岁老人采摘的蘑菇

我们《森林报》的记者去访问阿库丽娜，一位百岁的老婆婆，可惜她没在家。邻居告诉我们，老婆婆是去采蘑菇了。老婆婆一回来，就给我们看她那满满一口袋洋口蘑。她跟我们说：

"我的眼睛有点花了，是找不到那些一个一个单独生长的蘑菇的！那些蘑菇，总是和人的眼睛捉迷藏！但是我采回来的这种蘑菇不一样，只要找到一个，就能找到几十个上百个。这种洋口蘑，有一个习惯，它们经常爬到树墩上，好让自己更显眼一些。我这样的老婆婆，最适合

拟人：这里把蘑菇比拟成人，活泼可爱，也说明了它们是很不好辨认的。

采摘这种蘑菇了！”

入冬以前的播种

胡萝卜、葱、莴苣和香芹菜的种子正被蔬菜工作队播种在垄上。队长的孙女看着种子被撒在冰冷的土里面，噘起了小嘴，小眉头也紧皱起来。她很认真地说，她听见了种子在大声抱怨着：“天这么冷，你们还把我们抛在这里，我们绝不发芽！你们想发芽，你们自己发去吧！”

呵呵，蔬菜工作队的队员们本来就没打算让它们在秋天发芽。秋天这些种子不能发芽这一点，他们是很清楚的。

但是，春天的时候，这些种子很早就会发芽，很早就会成熟。能够早一点吃到胡萝卜、葱、莴苣和香芹菜，那是多么令人高兴的事呀！

尼·巴甫洛娃

农庄里的植树周

大批的树苗已经准备好，放在苗圃里了。那是上百万棵的梨树、苹果树和其他水果树苗。我们打算把它们栽到院落旁边的自种园地上。

列宁格勒塔斯社

·我的读后感·

读了以上内容，我明白了，大自然是有规律的。蘑菇有自己的生长规律；一些蔬菜种子要在秋天播种，春天了就能发芽；这个季节，适宜种植树苗。

城市新闻

动物园里面

天气冷了，鸟兽们已经从夏天的露天住所，搬到冬天的室内住宅里来了。它们的笼子里，也生起了火，里面被烤得暖暖和和的。有这样的条件，谁还有心思去过那种漫长的冬眠生活呀？

在园里的鸟看来，仅仅一天的工夫，它们已经从寒冷的国家迁徙到了暖和的地方了。它们才不想往笼子外面飞呢。

不带螺旋桨的飞机

在城市的上空，这些日子总有一些令人奇怪的小飞机飞过来，飞过去。

路人们禁不住停下脚步，仰起头，略带吃惊地观察着，这些“空军”缓缓地绕着圈飞翔。他们在相互询问：

“你也看到了吗？”

“看到了，看到了。”

“莫名其妙，怎么听不到螺旋桨的声音哪？”

“是不是因为它们飞得太高了呢？你看，它们看起来那么小！”

“就是往下降，也没有声音的。”

“为什么呀？”

“你没注意到吗？你看它们哪个是带螺旋桨的？”

“不带螺旋桨？不可能吧？难道是一种新型的飞机吗？是什么型的呀？”

“那是雕！”

“你开玩笑吧？市区里哪里会有雕？”

“不是开玩笑的，那是金雕。它们现在正忙着往南飞呢。”

“噢，是这么回事呀！哈哈，现在我也看清楚了，确实是鸟在绕圈子。你要是不说，我还真以为是飞机呢，真是太像飞机了！哪怕是扇动一下翅膀也好哇……”

赶快去看哪

最近几个星期以来，在彼得罗巴甫洛夫斯克要塞附近，在涅瓦河的桥上和其他一些地方，经常会看到许多五颜六色、奇形怪状的野鸭。只见黑海番鸭看起来和乌鸦一样黑；斑脸海番鸭的嘴弯弯的，翅膀上带有白斑；杂色的长尾鸭的尾巴就像小棒一样；鹊鸭的身上黑白两色相间。

成语：写出了野鸭的羽毛色彩复杂、繁多，以及它们奇奇怪怪、各种各样的形状。

外形描写：这里通过外形特点的描写，让我们对各种野鸭有了大致的印象。

都市的喧嚣，一点也惊扰不了它们。

甚至就是黑色的蒸汽拖轮带着铁制船头迎风破浪，向着它们动作描写：通过对野鸭的动作描写，突出了它们动作的轻松敏捷。

一直冲过来，它们也不畏惧。只见它们在原地往下扎了个猛子，接着就在离原处几十米远的位置，钻出水面来。

这些潜水的野鸭，可都是海上飞行线沿途的行者。春天一趟，秋天一趟，它们每年都来我们这里做客两次。

它们飞走的时候，正是拉多牙湖中的冰块流到涅瓦河中的时候。

鳗鱼的最后一次旅行

秋天在大地上，秋天也在水底下。

水凉起来了。

到了老鳗鱼动身去做最后一次旅行的时候了。

从涅瓦河出发，穿过芬兰湾、波罗的海和北海，它们最后游到深不可测的大西洋里去了。

它们一辈子都生活在这条河里，但是没有一条能够再游回来，因为它们都将葬身在几千米深的海洋里面。

在临死以前，它们还不忘产卵。要知道，在海洋深处，水要比我们所想象的暖和：那里的水温可以达到 7℃。不用过很长时间，那里的每个鱼子都会成长为像玻璃一样晶莹剔透的小鳗鱼。几十亿条小鳗鱼组成浩浩荡荡的队伍，将开始长途跋涉。3 年后，它们就会游到涅瓦河口。

就是在涅瓦河里，它们茁壮地成长，最后长成大鳗鱼。

·写一写，练一练·

1. 造句。

喧嚣——

茁壮——

2. 写出下列词语的反义词。

漫长——（　　）　惊扰——（　　）

林中狩猎

带着猎狗行进在黑乎乎的小路上

秋天的早上，空气清新，田野里走来了一个扛着枪的猎人。他手里握着一条短皮带，皮带的另一头拴着两只猎狗。这两只猎狗并行着靠在一块，长得又肥又壮实，宽宽的胸脯，棕黄色斑点掺杂在黑色的毛里。

外形描写：这里通过对猎狗的体形大小、胸脯以及狗毛颜色的描写，大体勾勒出了猎狗的外形特点。

走到小树林边，他们开始寻找猎物了。猎人解下猎狗脖子上的皮带，把它们俩放了出去。两只猎狗都奔着灌木丛跑去了。

猎人蹑手蹑脚地贴着树林边走，小心翼翼地寻找着可以落脚的地方。

成语：将猎人走路时脚步放得非常轻的样子简洁地表达了出来。

他走到灌木丛对过的一个树墩后面，那里有一条不起眼的小路，沿着丛林一直延伸到下面的小山谷。

猎狗发现了猎物迹象的时候，猎人还没来得及站稳脚跟。

老猎狗多贝华依第一个叫唤起来，它的叫声听起来低沉而喑哑。

跟在它后面的年轻的札利华依也“汪汪”地叫唤着。

猎人从狗的叫声里可以听明白：它们正在撵兔子，兔子早就被吵醒了。黑乎乎的小路，因为下雨已变得泥泞不堪。就在这块秋天的烂泥地上，两只猎狗一边用鼻子嗅着兔子留下的痕迹，一边追赶着。

兔子来来回回地兜着圈子，猎狗们也离猎人一会儿近些，一会儿远些。

棕红色的什么东西在山谷里忽隐忽现。那不就是兔子吗？哎呀，慢了半拍！

转眼间，一个机会从猎人手里溜走了……

夸张：用夸张的手法突出了兔子逃跑时速度非常快。

看那两只猎狗：多贝华依跑在前面，札利华依伸着舌头紧跟在后面，它们一步也不放松地追着兔子，飞跑在山谷当中。

不要紧的，它们最后还会回到树林里来的。多贝华依可是一只技术熟练的猎狗哇，只要它一发现野兽的踪迹，就一定不会放弃，也绝不会把猎物追丢了！

多贝华依又追过去了，不停地绕着圈子跑，最后终于又跑回树林里来了。

猎人心里想着：“不管怎样，兔子最后还是要跑到这条小路上来的。我这次可绝对不能再错失良机了！”

过了一会儿，没有一点动静……接着……啊？到底怎么回事呀？

狗的叫声是从两个不同的方向传过来的，不应该呀！

就在这时，多贝华依停止叫唤了。

只剩下札利华依的叫唤声了。

接下来又是寂静……

忽然，多贝华依又带头叫唤起来了，只是这次的叫声有点不一样，要比刚才的激烈得多，并且有点嘶哑。札利华依尖着嗓子，上气不接下气地也跟着叫了起来。

是的，它们应该是发现了别的野兽！

会是什么野兽呢？反正肯定不是兔子。

哦，对了，八成是红色的……

一般的子弹肯定不行，猎人马上给猎枪换弹，把最大号的霰弹装了进去。

一只兔子从小路蹿过，一直跑到田野里去了。

猎人没有开枪，只是目送它远去。

嘶哑的、愤怒的狗叫声愈来愈近了……猛然间，就在刚才兔子蹿出来的那个地方，两个灌木丛的中间，一个白色的胸脯、火红的脊背出现了……径直向猎人这边冲了过来。

猎人举起了枪。

很显然，那个野兽发觉了，它迅速地往左边闪，又往右边闪……

很可惜，迟了！

随着“砰”的一声枪响，子弹把一只狐狸顶向了空中。紧接着，狐狸“扑通”一声摔在地上，死了。

两只猎狗从树林里跑出来，扑向了地上的狐狸。它们用牙齿不停地咬着火红色的皮毛，往下撕扯，眼看着就要撕开了！

“快放下！”猎人大声地阻止了它们，赶忙跑了过来，快速地从猎狗嘴里取下了新鲜的猎物。

地底下的生死搏斗

有个著名的獾洞，就在离我们村子不远的森林里。这个獾洞存在好多年了。虽然我们还把它称作“洞”，但实际上按现在的标准，它早已不能叫作“洞”了。准确地说，这是座被一代又一代的獾挖通了的山岗，这里也可以说是完全属于獾的地铁站。

塞索伊奇带我去看了那个“洞”。我仔仔细细地观察了这个山岗，惊奇地发现了63个洞口。这还不算那些藏在山岗下面的灌木丛中的暗洞。

明眼人一眼就可以看出，在这宽敞的地下隐藏所里生活着的，肯定不仅仅只有獾。就在几个入口的地方，我们可以看到蠕动着的成堆的甲虫，里面有食尸虫、推粪虫和埋葬虫。而它们正在忙碌的对象，是鸡骨头、松鸡骨头和山鸡骨头，还有长长的兔子脊椎骨等。獾是不吃鸡和兔子的！再者，不管什么时候，獾都不会把吃剩的食物或者其他脏东西随便丢在洞口或附近的，因为它们很爱整洁。

从这几种鸡、兔子和野禽的骨头，我们可以断定，这附近还住着一个狐狸家族，就住在獾的眼皮底下。

有一些洞被挖坏了，成为了真正的壕沟。

塞索伊奇告诉我们：“我们的猎人，花费了很多力气在这里挖洞；但是最终一无所获。怎么挖也挖不出獾或者狐狸来，不知道它们都逃到哪里去了，令人费解呀！”

成语：简洁地说明了塞索伊奇当时绞尽了脑汁，苦思苦想的状况。

冥思苦想了半天，他想出了一个新办法：

“獾和狐狸也是怕烟熏的。现在我们不妨就用烟把它们‘请’出来！”

第二天一大早，我和塞索伊奇，还有一个小伙子往山岗上走去。塞索伊奇和那个小伙子很熟，一路上老是开那个小伙子的玩笑，一会儿说他是烧锅炉的，一会儿说他是大厨师。

我们在山岗下面只保留了一个洞口，而在山岗上面留了两个，一共只保留了三个洞口。我们忙活了好一阵子，终于把地洞的其他出口都堵上了。我们找来一大堆松枝和云杉枝，当然都是干燥的枯树枝，堆放在山岗下面那个入口的地方。

“烧锅炉的”在下面的洞口点着了枯树枝，一会儿就冒出了浓烟。他不愧是烧锅炉的，那些浓烟就像从烟囱里冲出来似的，吹进地洞里去了。而我和塞索伊奇都躲藏在上面两个洞口旁边的小灌木丛里，一人盯着一个洞口。

在埋伏的地方，我们两个射击手，焦急地等待着，等待着浓烟从上面两个洞口冒出来：有可能向来狡猾的狐狸会提前逃窜出来吧？或者，蹿出来的是那只又懒又笨的大肥獾？这一会儿，在那地下世界里，它们的眼睛是不是早已被浓烟熏出了眼泪？

心理描写：通过对“我们”两个射击手的心理描写，表现了“我们”是多么希望此举措有所收获呀，突出了“我们”心情的急切。

令人感到意外的是，山岗内的野兽的忍耐力真是超强！

我看见已经有烟升到塞索伊奇面前的灌木丛后面了，也弥漫到了我这边。

过不了多久，地底下的野兽就要打着喷嚏和响鼻蹿出来了。肯定有好几只，一只一只不断地跳出来。枪就端在我们的肩膀上，断不可以让那身手敏捷的狐狸逃脱！

烟愈来愈浓了，不断翻滚着往外冒出来，弥漫到灌木丛这边了，我的眼睛流出眼泪来了，已经有点睁不开了。一定要加倍小心，可不能让野兽在你抹眼泪、眨眼皮的片刻逃跑了！

可是，还是没有野兽蹿出来。

我不得不把枪放下一会儿，因为托了大半天的枪，我的手和胳膊已经有点酸麻了。

形容词：“酸麻”一词既准确地写出了“我”当时的感受，也从侧面表现了那些野兽的难缠。

我们等啊等啊。“烧锅炉的”不停地往火堆里添加着枯树枝。但是，到最后，我们没有等到一只野兽。太令人失望了，一只野兽也没有冒出来！

在返回村子的路上，塞索伊奇分析着：“不要以为它们被熏死在下面了，哥们，没有，绝对没有！因为烟在地洞里面是往上弥漫的，如果它们钻到了地下深处，钻到了比我们下面那个洞口还要低得多的位置，那么，刚才的浓烟是奈何不了它们的。只有老天爷才知道它们那个洞挖到什么深度了！”

很显然，塞索伊奇很不甘心于这次的失败。我给他们讲了一个有关达克斯狗的故事，是为了安慰他，也是为了安慰我和“烧锅炉”的小伙子。故事中的达克斯狗是种猎狗，凶猛得不得了，甚至可以钻到地洞里面去捉拿狐狸和獾。塞索伊奇听了以后，突然兴奋起来了。他给我布置了一个任务，让我一定弄一只达克斯狗那样的狗给他，并特别叮嘱我，无论如何，不管用什么办法，一定要弄到！

我最后只好先答应他，说我可以想想办法。

这件事过去后不久，我就去城里了。呵呵，真想不到，我的运气很好，有一位熟悉的老猎人，答应把他那只心爱的达克斯狗借给我用。

可是，当我回到村子里，把小狗带去交给塞索伊奇的时候，他却对我极度不满，他说：

“你这是怎么回事？你是在嘲笑我吗？就这只小老鼠，先别说老公狐，即使是狐狸幼崽，也能咬死它再把它吐出来！”

塞索伊奇对小个子的人很不满意，即使是小个子的狗，他也毫不掩饰他的蔑视。呵呵，可能是因为他本身就是小个子，而他本人又很自卑的缘故吧。

外形描写：通过对达克斯狗的外形描写，使达克斯狗留给了读者一个大致的印象。

动作描写：通过一系列的动作描写，突出表现了小狗特别凶猛的特点。

你还别说，达克斯狗的外貌还真是毫不起眼：又矮小又瘦弱，小腿也不那么周正，身子显得很单薄。但是，当塞索伊奇大大咧咧地伸出手去靠近它的时候，这只其貌不扬的小狗，竟然龇出坚固的牙齿，恶狠狠地低嚎一声，迅猛地向他直扑过去。塞索伊奇急忙闪到一边，惊叹道："真凶啊！这个畜生！"他开始对这只达克斯狗刮目相看了。

我们还没完全走到山岗跟前，达克斯狗就愤怒地往兽洞直冲，使我措手不及，差一点手就脱臼了。我刚刚把它脖子上的皮带解开，它就往黑黢黢的洞口奔去，转眼不见了踪影。

排比：此处的排比手法给我们列举了达克斯狗身体和爪子以及嘴巴的特性，表现了它的与众不同。

人们根据自己的需要，驯养出好多奇怪的狗类。达克斯狗，这种小个头的地下猎狗，应该算是其中最奇怪的一种。就像貂似的，它整个的身子又瘦又细，再没有比它更加适合钻洞捕捉猎物的了；它那看起来不太周正的爪子不但能使劲蹬住地，还善于挖泥土；它那又窄又长的嘴巴，一旦咬住猎物，可是到死也不松开的。

我们站在兽洞上面，焦急地等待着，等待着受过训练的猎狗和林中野兽在这黑漆漆的地下洞窟里残酷厮杀的结果。万一，这个达克斯狗不能活着走出这个兽洞，我可是对不住它的主人了，我会没脸再去见他的。

地底下，小狗正在追逐着猎物。即使是隔着厚厚的一层泥土，我们还是能够清晰地听到狗的吠叫声。但是，这个叫声好像不是从我们的脚底下传出来的，而像是从很远的地方传来的。

就在这时，狗叫声愈来愈近，越来越清楚。我们可以听出声音当中的嘶哑。近了，更近了……但是，突然这个声音又远去了。

站在山岗上的塞索伊奇和我，手里紧握着猎枪，握得手指头都有点痛了，但是，这个时候，枪是派不上用场的。狗叫声一会儿在这一会儿忽那，从这个洞口出来，又从那个洞口传出来，接着又跑到第三个洞口……

忽然，狗叫声停止了。

我知道是为什么：小达克斯狗已经在黑漆漆的过道里追上了野兽，正在和它厮杀决斗呢！

直到这个时候，我才突然想到，一般猎人带着猎狗打猎，手里不能少了一把铁锹，当猎狗在地底下一跟敌人厮杀，就赶忙去挖它们上头的土层，以防情况不妙时，我们可以帮助猎狗。这一点，我早就应该想到的呀。特别是搏斗在离地面一米左右的地方进行着的时候，我们完全可以这么做的。可是，我转念一想，这样的一个深洞，就连用浓烟都不能把野兽熏出来的深洞，即使我们手里有铁锹，也是用处不大的。

我现在一筹莫展了。地底下很可能有不止一只的野兽在和达克斯狗厮杀，这只小狗在这个深洞里是必死无疑的！

成语：简洁地写出了当时的“我”是一点计策也施展不出来，一点办法也想不出的。

就在这时，狗叫声又从地底下微弱地传出来了。

但是，还没等我来得及松口气，叫声又停止了。战斗可能已经结束了！

我和塞索伊奇默立了好一会儿。

我始终下不了离去的决心。这时塞索伊奇感慨地说：

“哥们，看来我们确实是做了件蠢事！小狗看来确实被獾或者老狐狸咬死了！”

又过了一会儿，塞索伊奇黯然地说：

“老伙计，我们走吧？或者，我们再稍等等？”

突然，一种窸窸窣窣的声音又从地底下传了过来。这可是完全出乎我们的意料的。

一条黑黑的尖尖的尾巴从兽洞里露了出来，接着出来两条弯弯的后腿和细长的身子，身子上面满是泥土和血迹。达克斯狗吃力地挪动着。我欣喜地跑过去，抓住它的身子，帮它往外挪动。

一只大个头的老獾，紧随着小狗从黑漆漆的兽洞里来到了我们跟前，老獾一动也不动。它早就死掉了，但是达克斯狗还是死命地咬住它的脖子，不停地甩动着，大概是在向我们炫耀它的战果吧。

本报特约通讯员

·写一写，练一练·

1. 照样子，写词语。

黑乎乎——(　　)　　忽隐忽现——(　　)

2. 给下列加点字注音。

掺杂(　　)　　喑哑(　　)

打 靶 场

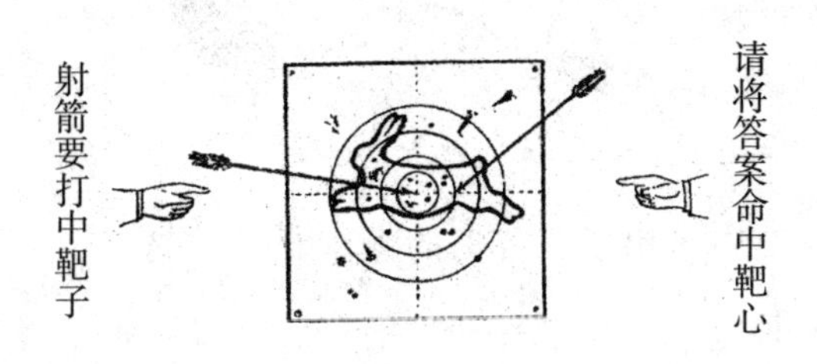

第八期竞答题

1．兔子上山跑起来方便，还是下山跑起来方便？

2．落叶也能够向我们揭示鸟类的秘密，那是什么秘密呢？

3．把蘑菇晾晒到树枝上的，是哪一种林中居民？

4．有一种野兽，夏天生活在水里，但是却在地上过冬。这是什么野兽？

5．鸟是不是全都需要储备冬天里吃的东西？

6．蚂蚁都是怎样准备过冬的？

7．鸟的骨头里面都有什么东西？

8．在秋天出去打猎的时候，猎人们最好穿什么颜色的衣裳？

9．鸟是在夏天更容易抵御枪弹的伤害，还是在秋天更容易抵御枪弹的伤害？

10．图1中可怕的脑袋，是属于谁的？

11．蜘蛛可以称作昆虫吗？

12．青蛙在冬天都躲藏到哪里去了？

图 1

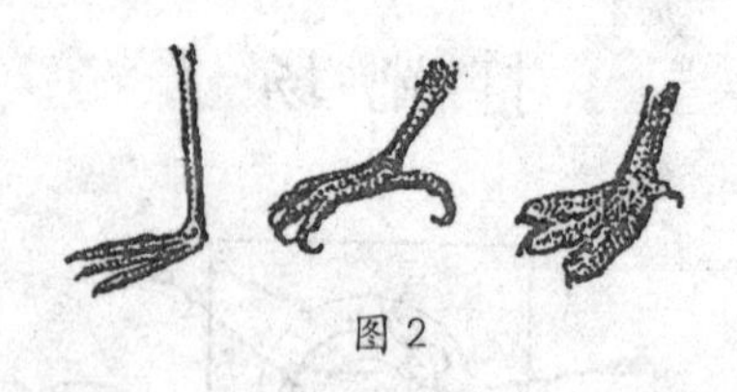

图 2

13．图 2 中画出了三种鸟的脚，哪一种是属于生活在树上的鸟的？哪一种是属于生活在地上的鸟的？哪一种是属于住在水上的鸟的？

14．有一种野兽的脚掌是往外翻的，这是什么野兽？

15．图 3 是森林中猫头鹰那可怕的头，请使用铅笔，在图上指出它的耳朵。

图 3

16．轻飘飘往水里掉，自己不沉，水也不浑。（谜语）

17．走着，走着，就不能走了；捞哇，捞哇，也捞不完。（谜语）

18．一岁的草，但就是比院墙高。（谜语）

19．跑哇跑哇跑不到，飞呀飞呀也飞不到。（谜语）

20．在池塘里洗澡，可身上还是干的。（谜语，打两种动物）

21. 人们穿它的“身体”，扔掉它的“骨头”，吃掉它的“头”。（谜语，打一种植物）

22．不是国王，头上却戴着冠子；不是骑士，脚上却有踢马刺；每天清晨早早起床，不让其他人睡懒觉。（谜语，打一种动物）

23. 长着尾巴，但不是野兽；长着翅膀，但不属于鸟。（谜语，打一种动物）

公　告
“锐眼”称号竞赛七

是谁干的？

图 1

如图 1：

（甲）是谁在这里碰过云杉球果，还把它们扔在了地上？

（乙）是谁坐在树墩上，把球果吃完了，只剩下个芯？

（丙）是谁在榛子上凿了个小洞，把这颗从森林里采回来的榛子的仁吃完了？

（丁）是谁把蘑菇拖到树上，还挂在了树枝上？

如图 2，在老白桦树上，可以看见一些外形尺寸一样的小洞，分布呈一圈。这是谁干的？它为什么要这样干？

图 2

图 3

如图 3，是谁动过牛蒡？

如图 4，谁用大脚爪抓破了树干，把云杉树皮撕下来自己拿去用？它用树皮做什么呢？

如图 5，是谁在这里搞过破坏——破坏了这么多的树木，啃去了这么多的树皮，咬断了这么多的树枝？

图 4

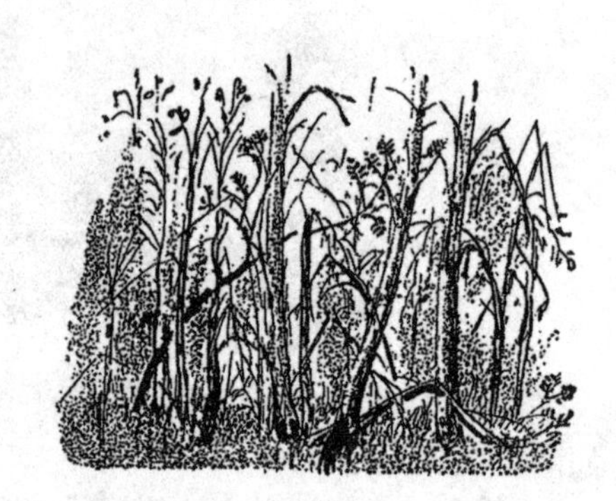

图 5

谁都可以

要想把被偷走的粮食找回来，就要学会寻找和挖掘田鼠洞。

在这一期《森林报》当中，我们也已经讲过了，这些坏家伙，偷走了我们很多粮食，它们把粮食从我们的田地里直接搬到它们的储藏室里去，真是太可恶了。

请勿打扰

我们为自己准备好了冬天的住所，这里面可暖和了，可以一觉睡到明年春天。

我们不打扰你们，请你们也让我们安心休息吧！

——熊、獾、蝙蝠

森 林 报

冬鸟做客月（秋天第三月）　　从 11 月 21 日到 12 月 20 日

一年12个月的欢乐诗篇——十一月

十一月，一半秋来一半冬。九月是他的爷爷，十月就是他的爸爸，而十二月正是他的亲弟弟。十一月在大地上插满了钉子，十二月在大地上架上了桥梁。十一月骑着有斑纹的马出巡，地上泥泞不堪，还有白雪。十一月这铁工厂虽然不大，但铸造出来的枷锁却锁住了整个国家：冰冻已经把湖沼和池塘封起来了。

十一月开始做三件事：脱下森林未脱尽的那点衣服，给水戴上枷锁——冻结冰面，给大地披上白色的盛装。森林里显得死气沉沉，让人觉得不舒服：树木黑沉沉、光秃秃的，淋过雨后，从头到脚都湿湿的，被风吹过的时候，“咔嚓”一声响，断裂开来，冰冷的雨水震落下来。所有的翻耕田，被雪覆盖了以后，都不再继续生长作物了。

> 排比：运用排比渲染了秋天的忙碌。

不过，现在还不是真正的冬天，这只是冬天的前奏曲。一连几个阴天以后，偶尔也会出一天太阳。万物生灵见到太阳时，是多么地高兴啊！看吧，这里从树根下钻出一批黑色的蚊虫，飞上了天空；那里脚下开出了一朵朵金黄色的蒲公英、款冬花，它们还都是春天的花呀！真让人欣喜！雪融化了……但是树木已经熟睡了，它们会乖乖地悄无声息地一觉睡到明年春天。

现在，伐木的季节来到了。

·我的好词好句积累卡·

出巡　枷锁　死气沉沉　悄无声息

万物生灵见到太阳时，是多么地高兴啊！

但是树木已经熟睡了，它们会乖乖地悄无声息地一觉睡到明年春天。

森林中的大事

我的奇思妙想

一年生植物，顾名思义，就是只能活过一个春天、一个夏天、一个秋天和一个冬天的植物，比如某些草类。我今天扒开了积雪，好好看了看我的那些一年生草本植物。

现在已经是秋季了，但是我发现，它们仍然是活的。要知道，现在是十一月份了，可是这里还是有很多绿颜色呀！雀稗还是活的，这些草大多是生长在乡村的屋子前面的。就在人们走来走去的地面上，它的小茎错综交织地蔓延着。它的叶子又细又长，粉红色的小花点缀其间，毫不起眼。

动词："蔓延"一词准确形象地写出了小草的茎延伸扩展的状态。

同样活着的，还有矮小的、烦人的荨麻。在夏天，我们可能觉得它很讨厌，因为当你在田垄除草的时候，你的两只手会被它戳出水泡来。但是现在，你看到它会觉得十分欣喜，要知道，现在可是十一月了呀！

快看，这边还有一种美丽的小植物，它的叶子微微分开，有着细长细长的粉红色小花，小花的尖呈现深颜色。对了，这就是蓝堇，它也是活的。我们经常在花园里看见它。

这些一年生的草类，都还顽强地活着。可是，我很清楚，明年春天，我们是看不到它们的。问题是，它们为什么一定要在这寒冷的冰雪下面生活呢？该怎么解释这种现象呢？现在我还不清楚，但我想总有一天我会搞明白的。

尼·巴甫洛娃

永远都充满生机的大森林

凛冽的寒风在森林里肆虐着。光秃秃的白杨树、白桦树和赤杨树被它吹得不停摇晃，发出“沙沙”的响声。最后一批候鸟没有别的选择，也只好赶紧飞离故乡。

所有的夏鸟还没来得及全部飞走，到这里过冬的客人却已经悄悄地来到了。

在我们这里过冬的鸟，每天都吃得饱饱的，不会觉得冷。鸟的爱好和习惯并不完全相同：有的会留在我们列宁格勒省区里过冬；有的则要飞到高加索、外高加索、意大利、埃及，甚至是印度去过冬。

花飞舞

赤杨的黑色树枝，伸展在空中，在沼泽地上显得尤其凄凉。树枝上没有一片树叶，光秃秃的，地面上也没有绿草。从灰色的乌云后面，懒洋洋的太阳终于露出了脸。

在这长满黑色赤杨的沼泽地里，许多五颜六色的花，在阳光的照耀下，欢快地漫天飞舞。花不是很大，有红的，有金黄的，有白的，有绿的。有的飘落在赤杨的树枝上；有的沾到了桦树的白白的树皮上，就像小斑点一样，五光十色，闪闪发光；有的飘落到地面上；有的则在半空中炫耀着自己美丽的身姿。

排比：此处运用排比全面地描写了五颜六色的花漫天飞舞的姿态，生动活泼。

它们从地面飞到树枝上，从一棵树飞往另一棵树，从这片小树林飞到那片小树林；它们在使用一种声音互相呼应着，听起来很像芦笛。它们到底是什么？是从哪里飞过来的呢？

来自北方的鸟

这是从遥远的北方飞来的客人，是来我们这里过冬的小鸣禽。它们当中，有烟灰色的太平鸟，这种鸟头上有一撮冠毛，翅膀上则有五道红色的羽毛，就像五个手指头似的；有红脑袋红胸脯的朱顶雀；有红色的雄交嘴鸟和绿色的雌交嘴鸟；有深红色的松雀；还有黄羽毛的小金翅雀，金绿色的黄雀，以及胸脯鲜艳美丽、胖嘟嘟的灰雀。而我们本地的金翅鸟、黄雀和灰雀，都飞往比较温暖的南方去了。以上提及的这些鸟，都是在北方做巢的。这个季节，北方冷极了，对于它们来说，我们这里算是比较温暖的。

排比：作者运用排比手法向我们展现了很多种来自北方的小鸣禽，以及它们各自的样子，让读者长了不少见识。

在这里，这些鸟是不缺食物的。山梨和其他浆果是太平鸟和

灰雀的美食，赤杨子和白桦子是朱顶雀和黄雀的食物，而云杉果实和松子则是交嘴鸟的理想食物。

来自东方的鸟

在矮小的柳树上，突然开出了漂亮的白玫瑰花。这些漂亮的白玫瑰在灌木丛中飞来飞去，只见它们那像黑钩一样的脚爪，又细又长，不停地东拉西扯。像玫瑰花瓣一样的小白翅膀，在空中呼扇着。空气中飘荡着它们那轻盈而又和谐的啼啭声。

比喻：把脚爪比喻成“黑钩”，把“翅膀”比喻成“玫瑰花瓣”，形象生动地写出了白山雀的脚爪和翅膀的特点，能让读者心领神会。

它们是山雀，白山雀。

它们不是从北方来的，而是从东方来的。它们来自西伯利亚，那里已经是冬天了，风雪肆虐，十分寒冷，厚厚的积雪已经把那些矮小的水杨树覆盖起来了。它们从那里出发，飞过了峰峦叠嶂的乌拉尔山区，来到了我们这里。

太阳又被大片的乌云遮住了，空中飘舞着灰色的雪花，湿漉漉的。

森林里泥泞不堪，空气潮乎乎的。一只胖嘟嘟的獾，在深一脚浅一脚地走向自己的洞口。它气呼呼地哼唧着，看起来心里不是很痛快。是时候了，是到了钻进地下，钻到干燥、整洁的沙土洞里睡觉的时候了。

噪鸦，这种羽毛蓬松的林中小乌鸦，在丛林里撕心裂肺地嚷叫着。它们是在

成语：这里用“撕心裂肺”言简意赅地写出了噪鸦那听起来极度悲伤的叫声。

打架吗？羽毛湿漉漉的，颜色就像咖啡渣似的。

“哇”的一声大叫传了过来，原来是一只老乌鸦看到了远处有一具野兽的尸体。于是，它扇起闪着漆亮的蓝黑色翅膀，向那边飞去。

寂静笼罩着树林。发黑的树木和褐色的土地上面，不断地堆积着沉甸甸的灰色雪花。地上的落叶也在慢慢地腐烂。

雪愈下愈大。雪花就像鹅毛一样飘落着、堆积着，黑色的树枝和无边的大地慢慢地变成了一片白色……

比喻：把雪花比喻成“鹅毛”，形象生动地表现了雪花的形状特点。

在严寒袭来以后，涅瓦河、伏尔霍夫河和斯维尔河，这些列宁格勒省的河流，已被冰封冻上了。到了最后，芬兰湾也结了冰。

最后一次飞行

天气忽然变暖和一些了，这可是在11月的最后几天哪。风已经把雪吹得一堆一堆的，雪一点也没有融化。

一大早，我来到外面散步。灌木丛和林间小路上都覆盖着雪。雪上面到处有黑色的小蚊虫在飞舞着。它们显得有气无力，飞得一点也不带劲，好像是轻飘飘的东西被风从下面吹起来的，在空中划了一个半圆以后，就侧身飘落在雪地上了。但现在是一点风也没有的。

状态描写：通过对黑色的小蚊虫飞舞时状态的描写，形象地写出了它们飞舞时的状态和样子，十分传神生动。

中午过后，雪开始融化了，树上的雪不时掉落到地上。如果你抬头，你的眼睛里就会滴进融化的雪水，也可能是一团又凉又湿的雪尘飘洒到你的脸上。就在这时，不知道从哪里飞出来数也数不清的黑压压的小蝇子。我在夏天一直没看到过这些小蚊虫和小蝇子。小蝇子飞得很低，几乎是紧贴着雪地飞，但它们看起来是那么兴奋。

天色渐渐晚了，空气也变凉了好多，小蝇子和小蚊虫不见了踪影，不知它们躲到哪里去了。

森林通讯员　维利卡

松鼠和貂

我们这里的森林里，今年来了很多松鼠。

它们原本是在北方生活的，但今年那里遇到了灾荒，球果不是很多，不够它们吃了。

在松树上，分坐着不少松鼠，只见它们用前爪捧着球果啃着，而用后爪紧抓着树枝。

一不小心，松鼠没捧住球果，球果掉落到雪地上了。多么可惜呀，松鼠气呼呼地叫唤着，从这根树枝跳到那根树枝上，再蹦到地上去捡。

它在地面上又蹦又蹿，不停地跳跃着，搜寻着那个掉落的球果。

突然，在一个枯树枝堆里，松鼠发现了两只锐利的小眼睛和一团黑乎乎的毛皮！松鼠顾不得捡球果的事了，它赶忙往跟前的那棵树上跳去，往树梢跑去。一只貂从枯枝堆里跳了出来，跟在松鼠后面追上来了，它也往树上爬去。

转眼间，松鼠已经蹿到树枝的末梢上了。

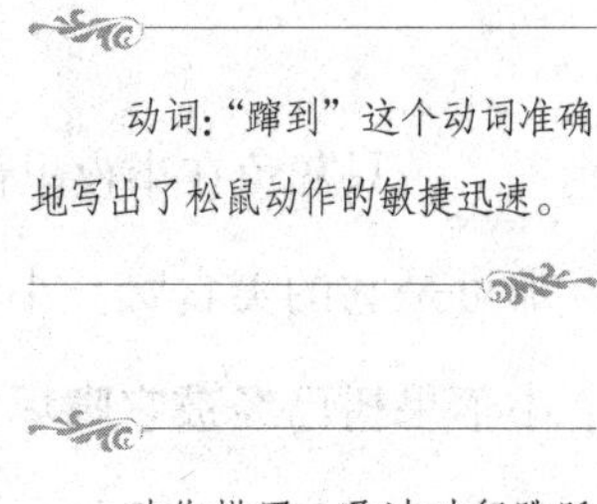

动词：“蹿到”这个动词准确地写出了松鼠动作的敏捷迅速。

貂也快速地顺着树枝爬了过去。松鼠赶忙跳了起来，跳到旁边另一棵树上去了。

貂哪肯罢休，只见它把蛇一般窄细的身体缩成一团，脊背弯成弧形，也纵身跳了过去。

动作描写：通过对貂跳跃之前的动作描写，形象地写出了貂的攻击特点。

树干上，松鼠在前面飞跑，貂在后面紧追，一场追逐战正在紧张地进行着。松鼠的身体很灵活，但貂也毫不逊色，甚至显得比松鼠还要灵活。

树顶到了，松鼠没法继续往上跑了，旁边也没有别的树了。

眼看貂就要追上它了……

情急之下，松鼠只好改变方向，从这根树枝跳到那根树枝，往低处跑去。貂还在后面紧追不舍。

松鼠不停地在树枝的梢头上跳跃，貂则在粗一点的树干上紧追。跳哇跳哇，跳哇跳哇，松鼠来到最后一根树枝上了。

前面是地，后面是貂。

此时没有别的办法，只能下树了，松鼠纵身一跳跳到地上，赶忙往旁边最近的一棵树上跑去。

可惜的是，在地面上，松鼠根本不是貂的对手。不管松鼠怎么拼命地跑，速度也没有貂快。转眼间，貂就追上了松鼠。松鼠的末日来到了……

机灵鬼怪的兔子

一只灰兔在半夜里偷偷地潜入了果园。它是来啃苹果树皮的，那可是它的美食呀。小苹果树的皮好甜哪，天快亮的时候，两棵小苹果树已经被它啃坏了。灰兔一个劲啃着嚼着，一点也没发现头上已经落了一层雪。

拟声词：本句话中的两个拟声词不仅准确地把鸡和狗的叫声传达了出来，还把那种即将天亮时的氛围烘托了出来。

“喔——喔——喔！”森林里传来了鸡叫声；“汪汪！”狗也开始叫唤起来了。直到这个时候，兔子才回过神来，意识到应该赶在人们起床以前，返回到森林里去。四周都是白茫茫的雪，灰兔棕红色的毛皮，显得很醒目。如果是白兔多好哇，雪白雪白的兔毛，在这样的雪地里是不容易被人发现的。

昨天夜里，下的是第一场雪，地上的雪也不是很厚，可以清楚地留下脚印。灰兔飞奔着，身后雪地上留下了一串脚印。小圆圈是短短的前腿留下的；而长长的后腿留下的则是脚跟伸直的脚印。每一个脚印，在这层不是很厚的初雪上面，都可以看得十分清楚。

灰兔越过田野，在森林里奔跑着，身后留下了一长串脚印。吃饱了就容易犯困，灰兔现在是多么想找个灌木丛进去打个盹哪。可惜的是，在这样的雪地里，人们是会根据脚印找到它的。

怎么办好呢？灰兔眉头一皱，计上心来：为什么不把自己的脚印搞乱，让人无从跟踪呢？

> 心理描写：这句心理描写把灰兔诡计多端的性格特点表现了出来。

这个时候，村子里的人们早已醒了。来到果园的园主人吃了一惊：他发现两棵最好的小苹果树的皮都被啃掉了！他也看到了树下面雪地上的兔子脚印，他很清楚，又是兔子干的好事！他暗暗发誓：一定不能放过它，一定要找到它！

他返回屋子里，拿了把枪，填满子弹，走了出去。

> 动作描写：这一系列的动作描写，突出了他的动作之麻利，也体现了他对兔子的恨意。

嗯，就是从这个位置，兔子越过篱笆，跑到田野里去的。进了森林，兔子脚印遍布在灌木丛四周。园主人是个有经验的猎人，这种雕虫小技是难不倒他的！

瞧，灰兔围着灌木跑了一圈，接着横着越过了自己的脚印，这是它的第一个花招。

瞧，这又是第二个花招……

循着雪地上的脚印一路追下去，园主人首先就识破了这两个花招。他端着枪，保持着发射状态。

脚印忽然不见了，园主人停住脚步。四周的雪地都很平坦，即使兔子是一大步跳了出去，也是可以看得出来的呀！这到底是怎么回事呢？

园主人弯下腰仔细端详着脚印。呵呵，他看出兔子的新花招了：它没有继续往前跑，只是沿着自己的脚印又返回去了。它的每一步都准确地踩到自己原来的脚印上。猛然看来，是很难发现那些“重叠的”脚印的。

于是，园主人沿着脚印往回走去。走着，走着，他发现自己又返回到田野里来了。看来，他原来判断得并不完全正确。这里面应该至少还有一个圈套没被识破。

他只好转回身来，再次沿着“重叠”的脚印前进。呵呵，他终于明白了！因为走了不远，“重叠”的脚印就又消失了，继续往前，脚印又变成单层的了。哦，原来是这样啊，就是在这个位置，兔子又跳到旁边去了。

果然不出所料，沿着脚印的方向，兔子径直越过了灌木丛，接着又往另一边跳了过去。脚印现在又变得均匀起来了……忽然又中断了，又发现了一行新的“重叠”的脚印穿过灌木丛。继续往前，又是跳着跑了。

现在可一定要看仔细了……兔子又向旁边跳了一次。这一回，兔子肯定是躲在附近灌木丛里的。这一次，你是跑不掉了！

事实正是如此，兔子就躲藏在旁边。但是，它不是像园主人想象的那样躲在灌木下面，而是躲藏在一大堆枯树枝下面。

“沙沙”，灰兔在睡梦里听见了脚步声；“沙沙”，声音愈来愈近，愈来愈近了……

它可以清楚地看到，两只穿着毡靴的大脚在往这边走来，黑色的枪杆差点擦着地面。

悄无声息地，灰兔从它躲藏的地方蹿了出来，像箭一样快速跑到枯树枝堆后面去了。它的速度是那么地快，园主人只看到一条短小的白色尾巴在灌木丛中一闪而过，就再也没有了踪影！

夸张：运用夸张手法突出了灰兔逃跑时的速度之快，以至于园主人只看到了一条短小的白色尾巴。

一无所获，园主人只好悻悻地回家去了。

会隐身的雪鸮

一个夜强盗，来到了我们这里的森林。但是，我们是不容易看到它的。因为在夜里，光线太暗，自然没法看到；而在白天，我们又很难把它和白雪区分开来。它的羽毛颜色跟北方常年不化的白雪一样白，它是典型的北极地带的居民。它就是我们北极的雪鸮。

雪鸮的个头和猫头鹰差不多，但没有猫头鹰那么大的力气。大大小小的飞鸟、老鼠、兔子和松鼠都是它的食物。

雪鸮来自苔原，但现在那里非常寒冷，小野兽大都找地方躲藏起来了，鸟也都飞走了。

又冷又饿之下，雪鸮没有别的选择，只好出来旅行，飞到我们这里来做客。到了明年春天，它会再飞回苔原去。

熊洞的秘密

为了防止寒风的侵袭，熊一般会把熊洞安排在比较低的位置。作为冬季的避难所，熊洞有时也会出现在沼泽地上，还会出现在干净的小云杉林里。但是，令人感到奇怪的是，许多代猎人都发现了一个相同的现象，那就是：如果冬天比较暖和，熊洞都会出现在小山丘或者小山岗等比较高的地方。

这个也可以理解：融雪会影响到熊。冬天，假如有融化的雪水流到熊的身子底下，当气温走低的时候，雪水就会结成冰，就会和熊穿的毛茸茸的外套冻在一起。到了那个时候，熊就不能睡觉了，就会跳起身来，在森林里来回跑动，以便让身体暖和一些。

但是，如果熊不睡觉，不停地跑动，那它身上储藏的热量就会被消耗掉。为了补充热量，它必须找东西来吃。可是，在冬天，熊在森林里是找不到食物的。正因为如此，如果熊估计着当年的冬天会很暖和，它就会到高一些的地方安顿熊窝。无非是为了防止冬天里遭受雪水浸湿之苦。这个道理不难理解。

问题是，熊为什么能提前知道当年冬天是寒冷还是暖和的呢？它靠的是什么特殊的本领呢？为什么早在秋天，它就可以知道自己的熊洞应该选在沼泽地，还是山丘、山岗上呢？这些问题我们现在还不清楚。不过，如果你有兴趣，可以试着直接去请教一下熊，呵呵！

排比：这里几个疑问句构成了排比，说明熊还有很多我们不知道的秘密，等待着我们去寻找答案。

啄木鸟的打果场

啄木鸟经常飞到我们菜园后面的小树林找东西吃。小树林里有许多老白桦树和老白杨树，也有一棵云杉树。那是一棵很老很老的云杉树，树上挂着几个球果。五彩的啄木鸟，又一次飞过来了。只见它落在云杉树枝上，用长长的嘴巴啄下一个又一个球果，然后沿着树干往上跳去。把球果塞到树缝里以后，它就开始用嘴巴啄它。很快，球果里面的籽就被吸了出来，空球果接着被取下来丢掉了。然后，啄木鸟又拿一个球果塞到那条树缝里，啄出籽以后，再拿第三个……就这样周而复始，一直到天黑。

森林通讯员　勒·库波列尔

严格的计划很重要

“森林是凶恶的魔鬼，在森林里做工，就好像看到死神的嘴巴一样。”这是俄罗斯的一个古老的谚语。

在古时候，伐木工人，也就是樵夫的工作是令人生畏的。手里拿着利斧的人们，对待绿色的朋友就像对待凶恶的敌人一样。直到十八世纪，锯子才出现在我们的生活里。

一个人整天地挥舞斧头，需要无穷无尽的力量。在天寒地冻、风雪交加的白天，只穿着一件衬衫干活；夜里在没有烟囱的小房子里，或者干脆就在一个小草棚里，只是盖着外套睡觉，更是需要钢铁般强壮的身体。

到了春天，森林里的活更加繁重了。

冬天里砍下来的树木，都要拖到河边去。然后把沉重的原木推到刚刚化冻的河水里，让小河妈妈把木材带走。河水是知道该往什么方向流的。河水把木材运到一个地方，那里的岸边就会建立起一座城市；所以每到一个地方，那个地方就会对小河妈妈说声谢谢。

那么，在我们现在这个时代呢？

在我们现代社会，“伐木工人”这个词，在意义上早已完全不同了。我们现在放倒大树和削去树枝，已经完全不用斧头了。

我们现在靠的是机器。机器还可以帮我们开辟森林里的道路，铺平道路，接着就沿着这条道路运走木材。

森林里的拖拉机，也就是履带式拖拉机，是那么有力量！

夸张：运用夸张修辞突出了钢铁怪物的力大无穷，所向披靡。

这个笨重的钢铁怪物，在它的创造者的指引下，进入无法通行的茂密森林，像割草似的当面放倒高大的树木。它可以轻松地连根拔起一棵棵大树，放到两边，接着推开躺在地面上的树干，铺平地面，修出一条道路来。

一辆汽车，奔跑在这条道路上，车上带着一个可以移动的小发电站。工人们端着电锯，来到大树跟前。他们身后拖着长长的橡胶包裹着的电线。电锯的尖牙，锐利无比，就像刀子切黄油似的，可以毫不费力地切进坚固的树木里。把半米粗的大树锯断，只需要半分钟的时间。这可是一棵树龄有一百年的大树哇！

夸张：电锯切坚固的树木就像是刀子切黄油一般，突出了电锯的锐利。

方圆100米之内的树木都被锯倒以后，汽车就带着发电站又往前面走了。一辆强大的运树机，会来到这个地方。它会一下子抓起几十棵没有削去树枝的大树，把它们拖到木材运输道路上去。

巨大的运树牵引机，会顺着这条道路，把木材往窄轨铁路方向拖动。铁轨上是长长的一大串敞车，敞车上面承载着几千立方米的木材。司机会把它开向铁路车站或者码头上的木材场。在木材场里，木材会被加工整理成圆木、木板和纸浆木料。

在现代社会，有了机器的帮助，加工整理好的木材，会被运送到遥远的草原上的村庄、工厂和城市里去，运到所有需要木材的地方去。

众所周知，在现代这样强大的技术条件下，如果随意采伐树木，我们这样一个森林资源丰富的国家，也会很快变成没有树木的国家的。所以，我们一定要按照非常严格的全国性计划来采伐木材，这一点很重要。要在现代技术条件下消灭森林，是很容易的。问题是，树木的生长速度还是和以前一样，生长周期需要几十年的时间。

所以，为了可持续发展，在刚刚砍去森林的地方，我们会马上栽上新的树木。

·我的好词好句积累卡·

点缀　肆虐　峰峦叠嶂　撕心裂肺

一只胖嘟嘟的獾，在深一脚浅一脚地走向自己的洞口。

他返回屋子里，拿了把枪，填满子弹，走了出去。

乡村日历

冬天来到了。

农庄的田里的工作都已经结束了。

妇女们在牛栏里干活，男人们在运饲料给牲畜吃。许多人去采伐木材，也有些人带着猎狗去打灰鼠。

灰山鹑群离农舍愈来愈近了。

孩子们已经上学去了。

他们白天做捕鸟的网子，在小山上滑雪，或者滑小雪橇；晚上做家庭作业、读书。

我们的心眼要比它们多得多

一场大雪过后，我们发现，雪底下有一条老鼠挖掘的地道，一直通到我们苗圃的小树跟前。但是，我们的心眼要比它们多得多，每棵小树四周的雪，都被我们踩得结结实实的。这样，老鼠是没法钻到小树跟前的。如果老鼠钻到雪外面，会很快在严寒中被冻死。

经常到我们果园里来的，还有兔子这个害人精。对付它们，我们也有好办法，所有的小树都被我们用稻草和云杉枝包裹起来了。

吉玛·布罗多夫

“坏人”的小屋子

苹果粉蝶的幼虫以及其他害虫，冬天会住在一种用树叶做的小屋子里。那种屋子是吊在一根细丝上的，但里面没有任何取暖装置，并且墙壁很薄，差不多只有一张纸那么厚。你可能会怀疑，这种屋子怎么可能用来过冬？

但是，事实上，住在这种屋子里的确是可以过冬的。在果园里，我们看到过很多这种设备简陋的小屋子。它通过一根细丝吊在苹果树枝上，那些细丝和蜘蛛丝差不多细，小屋子主要的制作材料是树叶。

可是，小屋子的居住者，也就是苹果粉蝶的幼虫以及其他害虫，都是些“坏人”。如果让它们在小屋子里度过冬天，那么，到了春天，苹果树的芽和花就会被它们啃坏。所以，人们都会把这些小屋子取下来，毁灭掉。

小苹果树的皮，凹凸不平，有点戳嘴，但这有时是可以保护它们自己的。昨天夜里，就有闯入者打算做坏事。一只大兔子，在将近半夜的时候潜入了果木园。它是来啃小苹果树的皮的。它没想到的是，这些苹果树皮，就像云杉树皮似的戳嘴。这只兔子啃了一次又一次，都没能啃到，最后不得不选择放弃，又跑到旁边的森林里去了。

狐狸可不能围在脖子上

一批棕黑色的狐狸，昨天被人运到了这里。大家都围过来观看，就连刚刚学会走路的小孩子也过来凑热闹了。

狐狸也用怀疑的目光，胆怯地打量着从四周来看它们的人们。一只狐狸悄悄地打了个哈欠，露出了嘴里的牙齿。

语言描写：通过语言描写，把一个活泼可爱的小孩子的形象展现在了我们眼前。

一个在白头巾上戴着一顶无边帽的小孩子嚷嚷道："妈妈！妈妈！可不能把狐狸围在脖子上啊，它可是会咬人的呀！"

·写一写，练一练·

1. 写出下列词语的近义词。

   结束——(　　)　　简陋——(　　)

2. 写出下列词语的反义词。

   保护——(　　)　　放弃——(　　)

城市新闻

涅瓦河桥下的乌鸦和寒鸦

现在每天下午 4 点钟，在涅瓦河桥下冰封的河面上，一群华西里岛区的乌鸦和寒鸦都要聚集在这里开会。

鸟们在热闹地争论后，便成群结队地回到华西里岛上的花园里了，在这个它们热爱的地方度过美好的夜晚，期待着明天的聚会。

小侦察员

城市里的果园和坟场里面的灌木、乔木，没人保护是不行的。但是它们的敌人又小又狡猾，而且很难看到，人类对它们束手无策。所以，园丁们不得不找来一批专业的侦察员。

成语：用简洁的语言写出了人类对灌木和乔木的敌人一点办法也没有的情形。

要见识这支特殊的侦察员队伍，你可以到本市的果木园和坟场上来。

队伍的首领是五彩啄木鸟，这种啄木鸟的“帽子”上的红帽圈像一根长枪。它迅速地把嘴啄进树皮里，发出有节奏的口令：“快克！快克！”声音响亮动人。

紧跟其后的是色彩斑斓各具特色的山雀队伍。只见凤头山雀戴着个尖顶高帽；胖山雀的厚帽子上好像插了根短钉；还有浅黑色的莫斯科山雀；而旋木雀则穿着浅褐色的外套，嘴像锥子一样；鳾，又称为“蓝大胆”，有着像短剑一样尖利的嘴巴，胸脯白白的，穿着天蓝色制服。

“快克！”啄木鸟发出了口令。“蓝大胆”紧跟着回应道：“特误急！”而山雀们齐声回答：“脆克！脆克！脆克！”紧接着整个队伍就行动起来了。

侦察员们迅速分好了工。啄木鸟负责啄树皮，用它那又尖又硬的像针一样的舌头，从树皮里把蛀虫钩出来。“蓝大胆”围着树干转来转去认真巡视着，头朝下，一旦发现哪个树皮缝隙里有昆虫或幼虫，它那柄锋利的“小短剑”就迅速地刺进去。旋木雀在下面的树干上奔忙着，不时地用它那弯弯的小锥子戳着树干。成群结队的青山雀在树枝上兴高采烈地兜圈子，它们观察着每一个小洞和每一条小缝隙，它们尖锐的眼神和灵巧的小嘴不会放过任何一只小害虫。

动作描写：通过对啄木鸟和“蓝大胆”的动作描写，突出了它们工作时认真负责、尽心尽力的特点。

陷阱似的小屋

现在，寒冷和饥饿的时间愈来愈长了。那些美妙的小朋友，也就是鸣禽，它们怎么样了呢？让我们去关心一下它们吧！

如果你的住宅，是有花园或者小院的那种，那么一些鸟就很容易被吸引过来，你可以在它们找不到食物的时候帮帮它们。在酷寒和下大雪的时候，可以提供一些地方给它们做巢。如果你可以吸引这种或那种可爱的小鸟入住你给它们准备好的小屋，你就很有可能当场捉住它们。

但是，建议你不要在夏天捕鸟。因为如果鸟被捉走了，那么它的雏鸟就会因饥饿而死去。

·写一写，练一练·

1．造句。

聚集——

巡视——

2．给下列加点字注音。

啄（　　）　　戳着（　　）

林中狩猎

秋天，是收获的季节，是储藏的季节，也是可以开始打小毛皮兽的季节。快到 11 月了，它们的毛已经长得差不多了，它们薄薄的夏装早已换成了暖和的毛大衣。

捕猎松鼠

松鼠，作为一种小野兽，我们不能说它很大。

但是，在我们的狩猎生涯中，猎松鼠却比猎捕其他任何野兽都更重要。松鼠的华丽尾巴，可是我们制作衣领、帽子、耳套和其他防寒用品的上好材料。

松鼠的毛皮，在去掉了尾巴部分以后，可以用来制作披肩和大衣。用它做成的漂亮的淡蓝色女式大衣，穿起来又暖和又轻便，那可是漂亮女士冬天的最爱。

刚刚下雪，猎人们就已经走进白茫茫的森林，开始捕猎松鼠了。

从十几岁的少年，到须发花白的老头，都出发了，都到那松鼠最多、最容易打到松鼠的地方去了。

猎人们有的喜欢单独行动，有的则喜欢几个人搭伴。他们在森林里一般要住好几个星期。每天从早忙到晚，踩着又短又宽的滑雪板，在茫茫雪地上来回奔波，安置并检查陷阱、捕机，或用枪射击松鼠……

晚上，他们住在土窖里，或者住在很矮的小屋子里，人站在里面是要弯着腰的。他们一般用一种跟壁炉差不多的炉子做饭。一切设备都简单而实用。

成语：把猎人们没有北极犬时的困难处境言简意赅地表达了出来，突出了北极犬对猎人的重要性。

北极犬是猎人们最好的伙伴。没有它，猎人们就像没有眼睛一样，寸步难行。

北极犬是我们北方的骄傲，它是一种很特别的猎狗。世界上没有其他任何一种猎狗，比它更适合在严寒的森林，甚至是原始密林里打猎了。

北极犬可以很轻易地帮你找到水獭、鸡貂和白鼬的老窝，并咬死它们。在夏天，北极犬可以帮你从密林里把琴鸡赶出来，从芦苇里把野鸭赶出来。值得一提的是，这种猎狗是不怕水的，即使是最冷的河水也不怕；就算是河里覆盖着一层薄冰，它也可以游过去，帮你把打死的野鸭叼回来。

在秋天和冬天里，猎人们打松鸡和黑琴鸡的时候，也是需要北极犬的帮助的。在那个时候，猎狗能做的不只是帮人们找到这两种野禽这么简单；它会蹲在树下，“汪汪”地对着它们叫唤，吸引它们的注意力，以便让猎人有机会下手捕猎。

北极犬有很强的识路能力。不管下没下雪，路上变没变白，北极犬都可以帮助你找到熊和驼鹿。

可怕的野兽向你进攻的时候，作为你忠实的伙伴，北极犬也是会全力帮助你的，即使牺牲自己也在所不惜，它会勇敢地咬住进攻的野兽，以便让主人能有时间再次装上弹药，打死野兽。

一般的猎狗，是找不到树上的动物的。但是北极犬可以找到，这是很不简单的。它可以帮助猎人找到那些住在树上的野兽，比如：貂、松鼠、猞猁等。

深秋，或者冬天，你漫步在松树林、云杉林或者混合林里，周围一片静悄悄，没有一点声音。四周是死一般的寂静，好像一只野兽也没有，和一片荒漠差不多。没有什么东西在那里晃动，也没有什么东西掠过或者发出“啾啾”的声音。

但是，同样也是在这片森林里，如果有一只北极犬陪伴着你，情形会完全不同。北极犬会从洞里撵出兔子，会在树根下找到白鼬，会顺便一口咬住一只林鼠，还会发现松鼠。不管它们怎样躲藏在浓密的松枝里不肯露面，北极犬也会把它们给找出来。

排比：运用排比列举了北极犬带给猎人的好处，说明打猎时带一只北极犬的必要性。

实际情况是，北极犬既不会飞，也不会爬到树上去，如果松鼠不到地面上来，那么北极犬到底怎么找到这个空中野兽呢？

跟踪野兽的达克斯狗和猎野禽的波形长毛猎狗，是需要良好的嗅觉的。对于它们来说，鼻子是最基本也是最重要的“工具”。即便是眼睛瞎了，耳朵聋了，这种猎狗还是能依靠鼻子来干活。

难能可贵的是，北极犬同时具备这三种“工具”，那就是灵敏的嗅觉、锐利的眼睛和机灵的耳朵。它的这三种“工具”是同时使用的。或者也可以说，它们不是北极犬的工具，而是它的三个“仆人”。

树上的松鼠，刚刚用爪子接触了一下树皮，北极犬时刻警惕着的竖立的耳朵，就已经向主人通风报信了：“这里有猎物！”松鼠的身影刚刚在树枝间一闪，北极犬的眼睛就已经通知主人：“那是松鼠！”松鼠的气味随着空气飘到树下面的时候，北极犬的鼻子就会向主人发出证实信号：“松鼠就在上面！”

北极犬依靠这三个“仆人”发现松鼠之类的野兽以后，还会通过第四个“仆人”，也就是自己的声音，去帮助猎人。

发现树上的松鼠或者鸟以后，我们的北极犬很聪明，它决不会立刻往那棵树上扑，也不会用爪子去抓挠树皮，因为那样做很可能会吓跑躲藏在树上的小兽。北极犬只会蹲在树下面，时刻警惕地盯着松鼠的藏身之处，竖着耳朵倾听着树上的动静，不时地叫上几声。它会一直守在树下，直到主人来到，把它唤走。

动作描写：通过对北极犬的动作描写，生动形象地写出了北极犬在发现树上有松鼠或鸟后的聪明的表现。

射击松鼠的方法就很简单了。北极犬的叫声，会把松鼠的全部注意力都吸引过去。猎人只要蹑手蹑脚地走过来，动作幅度尽量不要太大，用心地瞄准射击就可以了。

要准确地打中松鼠也并不是很容易。为了不损害松鼠皮，猎人们还要尽量去瞄准它的脑袋射击。在冬天里，受了伤的松鼠不会马上死掉。所以，猎人必须要瞄准了再打。不然，一枪打不中，松鼠就会躲进浓密的针叶丛里面，很难再找到它。

捉松鼠还可以使用捕鼠器或其他捕兽器。猎人一般是这样安装捕鼠器的：在两棵树干的中间固定上两块短短的厚木板；上头的板靠下头的板上竖立的一根细棒来支撑，不让它落下来；把干鱼或者干蘑菇做成的香喷喷的诱饵拴在细棒上。当松鼠吃诱饵的时候，就会拉动细棒，导致上头的木板砸下来，松鼠就被夹住了。

整个冬天，只要地面上的积雪不是很厚，猎人都是可以捕猎松鼠的。松鼠会在春天脱毛，打松鼠，图的就是它的毛皮，所以在深秋之前，在它们重新穿上冬季淡蓝色的华丽毛皮之前，猎人们是不会去捕猎它们的。

带斧头、铁棍和探针打猎

捕猎凶猛的小毛皮兽的时候，斧头是猎人们的首选，枪是次选。

洞里的水貂、水獭、白鼬、伶鼬和鸡貂，会被北极犬靠嗅觉搜寻到。但是，怎么把小兽撵出洞来，就要靠猎人自己了。这也不是个轻松的活。

这些凶猛的小兽，大多把自己的洞安置在树根下、地底下或乱石堆里。即使是发觉有危险，它们也不会轻易离开自己的老窝，除非是万不得已。猎人的

成语：用简洁的语言写出了凶猛的小兽只有在无可奈何的情况下，才会离开老窝的情形。

办法，就是用铁棍或者探针伸进洞里去不停地搅动；或者用手搬开石头，用斧头劈开粗大的树根，敲碎冻结的泥土；还有一个办法就是用烟把小兽熏出洞来。

排比：使用排比的修辞手法，写出了猎人此时的办法的多种多样。

一旦它从洞里蹿出来，它的末日也就到了。北极犬会毫不留情地把它活活咬死。

即使它逃脱了北极犬的追杀，也逃不过猎人枪里的子弹。

艰难猎貂

捕猎森林里的貂，不是件容易的事情。通常情况下，在貂捕食鸟兽的地方，地面上的雪都被踩得很乱，也会有血迹在雪上面。想要找到它在饭后的藏身之所，这就需要极其敏锐的观察力了。

和松鼠一样，貂是在树上面跑的。从一根树枝跳到另一根树枝，再跳往下一根树枝……如果注意观察，我们是会发现它留下的痕迹的，折断了的小树枝、绒毛、球果、脚爪抓下来的小块树皮等，都会从树上落到雪地上。根据这些痕迹，一个富有经验的猎人可以判断出貂在空中的移动路线。这条路线有时比较长，能达到几千米。只有非常注意，才能不损坏这些痕迹，并根据这些“线索”最终找到貂。

第一次发现貂的痕迹的时候，塞索伊奇没有带猎狗。所以他是亲自去追那只貂的。

乘着滑雪板，他走了很久。有时满怀信心地向前跑十多米，因为他发现在那里，貂曾下到雪地上，有爪印留下来；有时要慢慢地向前行走，仔仔细细地观察这位“空中飞人”一路留下的、模糊不清的标志。那天，他很后悔没有随身带着他的忠实朋友北极犬，为此他多次叹气。

黑暗笼罩了大地，塞索伊奇还待在森林里。

在这漫长的冬夜里，这个小胡子坐在篝火旁边，吃过随身携带的一块面包以后，坐着坐着就进入了浅浅的梦乡。

一大早，塞索伊奇就循着貂的痕迹来到了一棵很粗的枯云杉树跟前。真是好运气！在这棵树的树干上，塞索伊奇找到了一个树洞。貂很可能是在这个洞里过的夜，并且可能还没有走出来。

猎人打开枪的保险，右手握着枪，左手拿起一个树枝，在树干上敲了敲，接着马上扔掉树枝，两只手端着枪，对准洞口，只等貂一出来，就开枪。

但是，貂并没有蹿出来。

塞索伊奇再次拿起了树枝，朝树干使劲地敲了一下，然后更用力地敲了敲。

貂还是没有出来。

“难道它在里面睡熟了吗？”塞索伊奇有点恼火地暗暗想道。

他又拿起树枝，大力地敲了敲，震得整个树林都能听到。

夸张：使用夸张的修辞手法突出了他再次敲击时的力气之大。

看来貂应该没在这个树洞里。

塞索伊奇又仔仔细细地观察了一下

这棵云杉树的四周。原来这棵树干里面是空心的，在树干的另外一面，就在一根枯树枝下面，还存在一个出口。貂应该是从云杉树的这一侧跑出了树洞，逃到别处去了，因为枯树枝上的雪有被动过的痕迹。看来猎人的视线刚才是被粗树干挡住了。

别无他法，只好继续前进，去追击貂。

在那些时隐时现的痕迹之间，猎人又徘徊了整整一天。

天渐渐黑下来的时候，塞索伊奇又发现了一处痕迹；显而易见，貂离追击它的猎人并没有多远。猎人找到了一个松鼠洞，松鼠被貂从那里赶走了。不难看出来，这猛兽紧追它的猎物，追了很长时间，最后还是在地上追到了。那只精疲力竭的松鼠，可能没有估计好自己的跳跃能力，从树枝上掉落下来。貂于是快速上前，抓住了它。也就是在这个地方，在这块雪地上，松鼠被貂吃掉了。

成语：简洁地表现了松鼠这时候精神、力气消耗殆尽，极度疲劳的样子。

看来，塞索伊奇的追击路线没有错。但是，他却不能继续往前追了，因为从前一天起，他就面临食物危机了。他随身携带的面包都被吃光了，天又寒冷起来。如果继续在森林里过夜，那可是要被冻死的呀。

非常窝火的塞索伊奇沿着自己的足迹走回去了。

塞索伊奇后来才明白过来，他那天是功亏一篑，在最后一刻犯了个错误。因为一般情况下，貂抓住松鼠吃完后，

成语：把塞索伊奇的懊悔心理言简意赅地表达了出来。

接着就会钻进被它吃掉的主人的暖和的窝里去，在那里舒舒服服地睡个大觉。

来自我们的专业记者

·我的好词好句积累卡·

搭伴　抓挠　寸步难行　功亏一篑

它会一直守在树下，直到主人来到，把它唤走。

他又拿起树枝，大力地敲了敲，震得整个树林都能听到。

打 靶 场

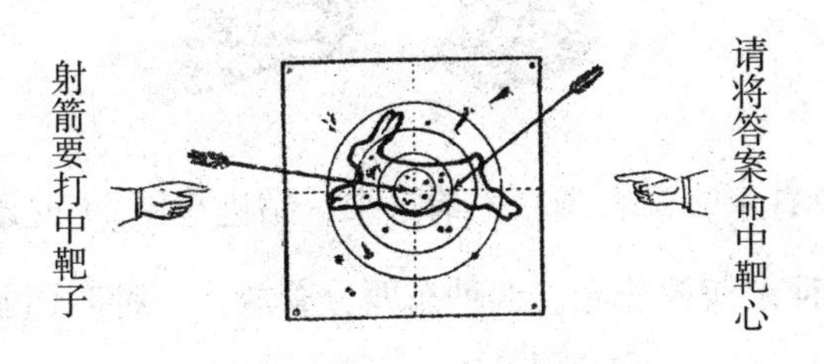

第九期竞答题

1．虾都是在哪里过冬的？

2．在冬天，鸟最怕的是寒冷，还是饥饿？

3．什么是“啄木鸟打果场”？

4．哪种夜强盗，会在我们这里的冬天出现？

5．什么是“兔子的侧跳”？

6．秋天和冬天，乌鸦都睡在哪里？

7．在什么时候，最后一批鸥和野鸭会离开我们？

8．在秋天和冬天，啄木鸟会和哪些鸟结成一伙？

9．人们通常所说的“拖迹”是什么意思？

10．猫的眼睛，在白天和夜里是一样的吗？

11．人们通常所说的“重叠迹”是什么意思？

12．人们通常所说的“雪上兔迹”是什么意思？

13．哪种野兽冬天里除了尾巴尖以外浑身上下都是白色的？

14．下图中画着的头骨是食草兽和食肉兽。应该怎样根据牙齿来区分它们？

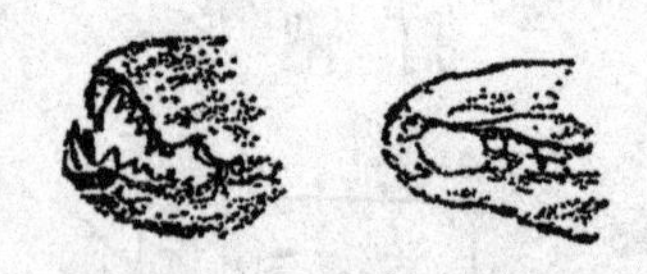

15. 没有手，没有脚；不请自来，钻进小屋。（谜语）

16. 两种东西放着光，四种东西分着放，一种东西躺地上。（谜语）

17. 水里出生却怕水。（谜语）

18. 比炭黑，比雪白；有时比房高，有时比草低。（谜语）

19. 一个男人，背着钢壳，肩膀沉重，心里高兴。（谜语）

20. 院子里有个堆垛，前面长着叉子，后面拖着扫帚。（谜语，打一种动物）

21. 天上看不见，却在地上走，一点都不痛，可是老哼哼。（谜语，打一种动物）

22. 没有窗户，没有门，屋子里头全是人。（谜语，打一种植物）

23. 长啊长啊长大了，爬呀爬呀爬出来，放在手掌上骨碌碌滚，撞上牙齿咔吧咔吧响。（谜语，打一种植物）

公　告

“锐眼”称号竞赛八

是谁干的事？

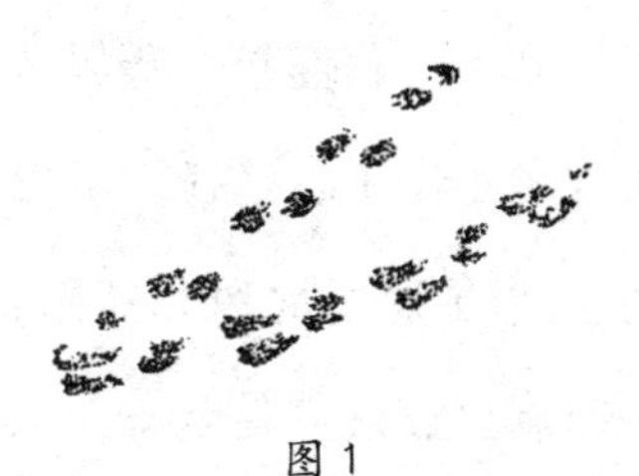

图 1

如图1，这是哪种动物的脚印？

图 2

如图2，在这个屋顶上，有个动物总是在一个地方转圈。到底是谁在这里？它为什么要这样做？

图 3

如图3，雪里的这个小圆洞是什么？是谁在这里过夜？谁的脚印和羽毛留在这里？

图 4

如图4，到底发生了什么事？为什么会有这么多的蹄印？树枝间的犄角是属于谁的？

赶快来给鸟办免费食堂吧

你可以直接用绳子在窗外吊一块小木板。在木板上撒点食物，比如：面包屑、干蚂蚁卵、面虫、蟑螂、煮熟的蛋屑和奶渣、大麻子、山梨果、蔓越橘、白球花果、小米、燕麦、牛蒡子等。

但是，最好还是在树上放上一个瓶子，在瓶子下面装一块小木板。在花园里安放一张带盖的饲料小桌子，防止雪落到上面。

赶快来帮助饥饿的朋友吧

你知道吗？我们的好朋友（鸟类）很快就会遇到困难了。这是它们挨饿受冻的时期。请不要再等了，立刻给它们建一些温暖的小屋子吧，比如：树洞、人造椋鸟房或者小棚子。这样，可以帮助它们躲避致命的寒冷天气。很多小鸟为了躲避北风和寒雪，就来投靠人，晚上钻到居民的屋檐下、门洞里过夜。甚至有一只小鹪鹩钻到了钉在村里木柱上的邮箱里去过夜。

请你在椋鸟房和树洞里（参阅本报第一期和第二期的广告），铺上绒毛、羽毛、破布等。这样，鸟们就拥有了温暖的羽毛垫子了。

附一

打靶场答案

第七期竞答题

1. 从9月21日开始。那是秋分。

2. 雌兔子。所以最后一批出生的小兔子被叫作“落叶兔”。

3. 槭树、白杨树和花楸树。

4. 不对。并不是所有的候鸟都会往南方飞。一些候鸟也会选择其他路线，比如经过乌拉尔山脉，往东方飞去。

5. 因为雄驼鹿的犄角很像犁，所以它也被人们称作“犁角兽”。

6. 兔子和狍子。

7. 黑琴鸡里的雄琴鸡。这些话模仿了它们的鸣叫声。雄琴鸡在春秋两个季节里就是这么叫唤的。

8. 脚印形成一条线的是生活在地上的鸟；脚印印成两行的，是生活在树上的鸟。生活在地上的鸟，为了适应走路的情形，它们的脚趾走起路来会大大地张开。这种鸟走路是双脚交替向前行进的，因而脚印会形成一条线。至于生活在树上的鸟，脚则要适应抓紧树枝，所以脚趾靠得很紧。这种鸟在地上的时候不是走路，而是蹦跳着前进，因此它们留下的脚印也就是印成两行的。

9．这表示下面的森林里有负伤的动物，或者有动物的尸体。

10．对着鸟飞走的方向打更准，追上鸟的霰弹能打进羽毛里。而正对鸟飞来的方向射击时，霰弹可能从紧密的羽毛上滑过，伤不了它。

11．因为雌鸟明年会在这个地方孵化出一窝雏鸟。如果打死了雌松鸡和雌琴鸡，它们的族群就要被迫搬离这里，不会回来了。

12．属于蝙蝠的。因为它的脚上长有皮蹼膜。

13．它们中的大多数，会在第一波寒流来袭时死掉。剩下的一小部分会钻到栅栏、树木或木屋的缝隙里，还有的会钻到树皮里，在那里度过寒冷的冬天。

14．把脸朝向西方太阳落山的方向。因为在晚霞中，这样能更清楚地看到在天空中飞过的野鸭。

15．当猎人没有打中鸟的时候。

16．秋播作物。今年秋天播种下去，来年夏天收获。

17．金腰燕。

18．树叶。

19．下雨。

20．狼。

21．麻雀。

22．蘑菇。

23．夏天的桑叶悬钩子；秋天的榛子。

24．稻草人。

第八期竞答题

1. 上山跑起来方便。兔子的前腿短，后腿长而有力，所以上山跑得非常轻快。它们从很陡的山上往下跑的时候，就可能会栽跟头。

2. 这个秘密就是，等到树叶落光的时候，我们可以很清楚地发现夏天藏在茂密枝叶里的鸟巢。

3. 松鼠。它们把蘑菇拖到树上，穿在细细的树枝上，到冬天找不到食物的时候，就靠这些蘑菇来充饥。

4. 水老鼠。

5. 这种鸟不是很多。猫头鹰会把死老鼠藏在树洞里；松鸦会把橡实、坚果藏到树洞里。

6. 蚂蚁把蚁巢里所有的出入口都封堵上，然后挤成一团过冬。

7. 空气。

8. 黄色或者褐色。这是在发黄的植物的映衬下显现出来的颜色，比如乔木、灌木、草的颜色。

9. 秋天。因为秋天它们长着一层厚厚的脂肪，变得特别胖，羽毛也比春夏的时候更加浓密，脂肪层和厚羽毛可以保护它们防御霰弹的攻击。

10. 是蝴蝶的（这是透过放大镜看到的）。

11. 蜘蛛有 8 只脚，昆虫有 6 只脚。所以，蜘蛛不可以称作昆虫。

12. 到水里去了，躲到石头下、躲进坑里、钻进淤泥里或者藏在青苔下面；有的甚至会钻到地窖里去藏身。

13. 每一只鸟的脚，都是非常适应它们的生活环境的。生活在地上的鸟，需要常常在地上行走，所以脚趾是直直的并且大大张开着的，脚（踝骨）长得很高。生活在树上的鸟需要经常站在树枝上，所以它的脚趾弯曲着，靠得很拢，可以强有力地攀紧树枝，并且为了使重心稳定，脚会长得很短。水禽的脚则因为要适应水中的生活，所以要长得像支小桨一样能够划水，因此鸭子的脚趾之间长有相连的肉蹼，鸊鷉的脚趾上，也有很硬的瓣膜，可以帮助脚在水下自如地划动。

14. 田鼠。因为它的脚要适应挖土，就像鱼的鳍要适应游泳一样。

15. 猫头鹰竖起的“耳朵”，其实只不过是羽毛。真正的耳朵藏在这些羽毛下面。

16. 从树上掉落的叶子。

17. 河水上的泡沫。

18. 葎草。

19. 地平线。

20. 鸭子，鹅。

21. 亚麻。

22. 公鸡。

23. 鱼。

第九期竞答题

1．在河边或湖边的洞里。

2．鸟最怕饥饿。例如野鸭、天鹅、鸥，如果它们能找到可以充饥的东西，就会留在原地过冬；也就是说，一些地方的水在被冰封住以前，它们是不会飞走的。

3．啄木鸟把球果塞进大树或树墩的缝隙里，固定好球果，再用嘴巴对球果进行加工。在“啄木鸟打果场”的树下的地面上，经常会堆起一大堆被啄木鸟啄剩的球果壳。

4．雪鹀。

5．兔子从一行脚印中间跳向旁边。

6．从黄昏开始，在果园里、丛林里和树上，就聚集着一大群乌鸦。

7．当最后一批湖泊、水塘和河流冰封的时候。

8．秋天（和整个冬天），啄木鸟和成群的山雀、旋木雀及其他的鸟组成一个专业的团队。

9．兽从雪里拔出爪子的时候，会从小雪坑里带出非常少量的雪，在雪上留下了爪印。这种爪印被称作“拖迹”。

10．不一样的。白天，在阳光的照射下，猫的瞳孔很小；夜里没有光线的时候，它的瞳孔就会变得很大。

11．是兔子来回跑了两趟留下来的相互重叠的脚印。

12．兔子在雪地上留下的脚印。

13．貂。

14. 猛兽的颚骨，根据它们突出的长犬齿很容易被认出来，犬齿是猛兽用来撕开生肉等食物的牙齿。食草动物的牙齿，则是要把植物扯下来咬断，这也是为什么食草动物的犬齿并不突出，但门牙却比较有力的原因。

15. 风。

16. 狗睡觉，眼睛放光，四肢伸开。

17. 盐。

18. 喜鹊。

19. 猎人背着猎物、带着枪。

20. 公牛。

21. 猪。

22. 黄瓜。

23. 榛子。

附二

“锐眼”称号竞赛答案及解析

“锐眼”称号竞赛六

图 1　是野鸭到过这个池塘。在水面沾着露水的蒲草和浮萍那里，有一条条的痕迹。你可以注意查看一下。那就是野鸭来这里时留下的痕迹。那是它们在蒲草间走来走去和在水里游来游去时留下的。

图 2　靠近地面的白杨树皮，是被兔子啃掉的。高处的树皮，不是兔子啃的。因为兔子不能到那么高的地方去啃树皮，它够不着。这应该是一种个头很高的野兽干的。对，是驼鹿干的，是它把细嫩的树枝咬断了吃掉的。

图 3　是勾嘴鹬。小十字是爪子印，而那些小点子是勾嘴鹬跑到林中的道路上来，沿着水洼的淤泥岸边寻找吃的东西（蚯蚓等软体动物）时留下的。

图 4　是狐狸干的好事。狐狸捉住刺猬后，先把它弄死，然后从没有刺的肚子吃起，全部吃光，只留下刺猬的整个外皮。

“锐眼”称号竞赛七

图 1 （甲）这是交嘴鸟（一种嘴巴上下弯曲交叉的鸟）做的事。它们用爪子抓住树枝，啄下球果，从球果里啄出一些云杉子，然后就把球果扔掉。

（乙）在下面的地上，松鼠把交嘴鸟扔掉的没吃完的球果拾起来，跳到树墩上，把它吃完，只把球果的核剩下来。

（丙）林鼷鼠，它在吃榛子的时候，在榛子壳上啃个小洞，从这个小洞里把榛子仁吃光。而松鼠在吃榛子的时候，是把榛子连皮一起吃掉的。

（丁）松鼠，它把蘑菇晾在树枝上，晾干了储藏起来，到挨饿的时候，它就有储存的食物可以充饥了。

图 2 这是啄木鸟干的事。它像医生给病人听诊那样，把长了虫的树干的害虫幼虫给敲出来。它围着树干跳着移动，在树干上敲着，于是它坚硬的尖嘴就在树干上凿出一圈小洞。

图 3 金翅雀非常喜欢牛蒡的头状花。

图 4 这是熊干的事。它用脚爪把云杉树皮一条条地剥下来，拖到洞里去当褥垫，冬天好睡在软一些的褥子上。

图 5 这是驼鹿做的工作。它在这里站了很久。看它把这里弄得乱七八糟的！周围都是它吃剩下来的食物：它推倒了小白杨树、小赤杨树，或者小花楸树之后，把它们啃干净；它还吃掉了大树上的一些新鲜嫩枝的梢，而且是把树枝先弄断才吃的。

“锐眼”称号竞赛八

图 1　这是狗追白兔的脚印。兔子在雪地上留下一跳一跳的脚印。后面狗的脚印又偏又斜地追赶着它。

图 2　夜里，灰猫头鹰曾待在这个屋顶上。它在这里守候着经过这里的老鼠，它在上面待了很久，灰脑袋向四周转个不停，它来回地徘徊着，于是留下了一些小星星似的脚印。

图 3　黑琴鸟曾在这里的雪底下过夜。它们在自己的雪卧室里留下了脚印痕迹和几片羽毛；飞走的时候，还留下了一个个小窝窝。

图 4　其实这里什么事也没发生。只不过有一只驼鹿曾在这里停留过一会儿。它到了换角的时候了，因此老待在一个地方不安地转来转去，把犄角在树上反复地拼命磨，最后终于将一个犄角磨断，卡在树枝上了。不过，不用替它担心，春天到来之前，驼鹿还会生出新角来的。

参考答案

候鸟离别月（秋天第一月）

来自森林的第四份电报

1. 长处　　休息　　舒适

2. niān qián

城市新闻

1. 台下的听众都沉醉在音乐声中，没有一个人说话。

   那次车祸，给他留下了梦魇般的回忆。

2. 笑眯眯　　简简单单

农庄里的新闻

1. guān jué

2. 当早操铃声响起的时候，他刚刚从睡梦中醒来，睁开蒙眬的眼睛。

他是个活泼可爱的好孩子。

来自四面八方的无线电通报

1. 匆匆忙忙　　烟雨蒙蒙

2. 轻便　　笼罩

冬粮储备月（秋天第二月）

森林中的大事

1. 警惕　　瘦削

2. 昏迷　　保卫

农庄里的新闻

1. 大部分时间，他们都在教室里学习，有时也会到操场上去打球。

穿上了崭新的制服以后，同志们现在看上去英姿飒爽。

2. chún cāng

城市新闻

1. 午夜过后，喧嚣了一天的城市逐渐安静下来。

在广阔的田野上，绿油油的麦苗在茁壮地成长。

2. 短暂　　安抚

林中狩猎

1. 白茫茫　　时断时续

2. chān yīn yǎ

冬鸟做客月（秋天第三月）

乡村日历

1. 完成　　简单

2. 破坏　　坚持

城市新闻

1．事故发生后，路上聚集了很多围观群众。

相关监管人员每天都来这个建筑工地巡视。

2．zhuó chuō